孩子们看得懂的科学经典

自然史

1

多彩的动物

刘月志 编著

高 帆 绘

北京理工大学出版社
BEIJING INSTITUTE OF TECHNOLOGY PRESS

前言

《自然史》是法国博物学家布封的传世之作，布封在这本书中引用了大量的事实材料，为读者们描绘出了一个真实而广袤的世界。在那个年代，大多数人还沉迷于虚无的神话故事中，笃信世界是由超自然力量构建的，而世间万物只是神明创造出来的附属品。《自然史》用形象生动的语言刻画出了地球、人类以及其他生物的演变历史，在一定程度上破除了当时社会上盛行的迷信妄说，肯定了人类具有改造自然的能力。

在这套书中，我们将跟随布封一起来观察大地、山脉、河川和海洋，研究地球环境的变迁，感受地球生命的脉动，探索人类的本能和本性。从遥不可及的星团、星云，到微不可见的细菌、真菌，让我们从文字与插图中去感知这个瞬息万变、丰富多彩的世界。

在第一册里，我们会先来一起了解关于动物的各种知识。你知道狗和狼有什么关系吗？人类能驯化所有动物吗？雨燕和燕子、天鹅和大鹅、骆驼和羊驼究竟有什么区别呢？所有这些问题的答案都在这本书中！它将以风趣的语言描述各种动物的外形和习性，让各具特色的动物跃然纸上，令人印象十分深刻。在阅读时，你不妨也发散下思维，仔细观察身边的动物，看看它们身上有什么明显的特征。

在第二册里，我们的目光将放在各种各样的植物与矿物身上。在这本书中，我们会了解五花八门的植物，以及形态各异的矿物，学习很多关于它们的有趣知识，比如它们有什么具体的用途，产自怎样的自然环境，人类又是怎样发现它们的，等等。美丽的地球不再是造物主的恩赐,而是大自然与人类共同的杰作。地球上万物的起源与演化皆有迹可循，只是这个过程缓慢且冗长。

到了第三册，我们要探讨的内容会变得更加深刻，因为在这一本书中，主角成了你与我——万物之灵长——人类。我们将一起来探讨关于人类的各种话题：人类的成长可以分成几个阶段？人类为什么会做梦？你梦见过什么奇奇怪怪的事情？人类社会与动物社会有什么区别？在几百年前，生活在欧洲大陆的人们相信人类的祖先名为亚当、夏娃，因为他们偷吃了禁果，才有了智慧与羞耻心，但布封却大胆地质疑这个故事的合理性，阐明人类的进化并不是像宗教所说的那样，而是得益于一次又一次的劳动与实践。

在悠长的人类文明长河中，无数像布封一样的博物学家为这个世界带来了点点烛火，用看似“荒唐”“大逆不道”“特立独行”的思想，哺育了无数被旧思想扼住咽喉的人们，鼓励他们从愚昧无知的黑夜中走出来，走向更光明的未来。

翻开这套书，让我们一同感受每一个生命的尊严与灵性，无论它是否已经消逝，只留下存在过的些微痕迹；让我们一同歌颂大自然的一草一木，以及每一片旖旎的景色，无论它正经历春夏秋冬的哪一季。大自然是如此奇妙而富有想象力，真令人百看不厌，盈尺之内都是看不尽的大好风光！

目录

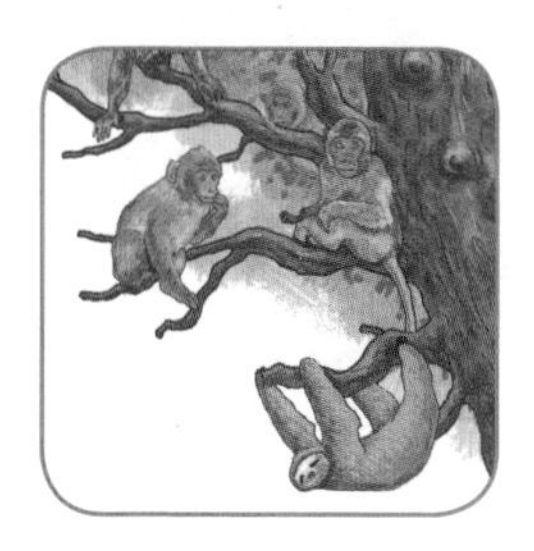

翻开这一页，
随布封一起
探索大自然的
奥秘吧！

马与驴是亲戚吗

为了生活得更便利，人类会通过一些强制性的手段去驯化自己所需的动物，比如马、驴等，被驯化后的它们可以帮助人类耕作、出行、运送沉重货物，甚至被当作食物的来源。野兽是怎样被驯化成家畜的？马和驴是一个物种吗？世界上还有没

被驯化的动物吗？带着这些疑问，与我一起窥探藏在这段驯化史背后的真相吧！

家畜与人类社会

通过改变动物原本的自然状态，人类可以使它们服从自己的指挥，让它们为自己服务。相比其他动物，人类在奔跑、跳跃、攀爬等运动方面略显逊色，但有着更加强大的头脑，我们清楚地知道自己想要什么、想做什么，善于用智慧战胜力量，用合理安排时间代替速度。

在远古时期，赤手空拳、居无定所的人类对于野兽来说，可能是一种最不可怕的猎物。但随着时间的推移，人类逐渐开始有能力走向四方并征服世界，于是人类的领土渐渐地扩张；野兽中的一部分被消灭，一部分被巧妙地制服，一部分则不断

地向更偏僻的地方迁徙，离人类的生活越来越远。驯化动物这件事一路伴随着人类社会的成形与发展——为了了解和挑选适合的野兽作为家畜，人类必须让自己变得更文明和睿智，才能驯化、指挥它们，而这必然要建立在人类有了社会这个基础上。如今，只有在人类无法轻易到达的地方，才会藏匿着一些没有被驯化的动物——这意味着人类社会相比过去已经在新的发展高度上了。

马与大自然

大自然充满了智慧，这是不争的事实，它不管创造哪一种动物，都会先给这种动物一个普遍的原型，再让里面的个体在世世代代的繁衍中，根据生活环境的变化选择该如何进化或退化。但正如你所见，每一种动物在变化的同时，也始终都存在着一种恒定性。现在，让我们来举个例子：世界上的马千千万万匹，有数以万计的个体存在着，它们之间有的高大，有的矮小，有的长着金色的皮毛，有的长着黑色的皮毛，总体而言，每一个个体都是不同的。但事实上，不管这种不同有多少，它们都无法完全跳出“马”的样子，你还是一眼就能看出这就

是马——因为无论细节如何变化，马的基本特征是不会变的。

在农业生产中，为了获得更优良的农作物、更美丽的鲜花，或者更强壮的家畜，科学家常常会让来自不同地方的雌雄双方繁殖后代，比如让一地的公马与另一地的母马生下小马驹。不如此的话，谷物、鲜花或者家畜就会因为长时间生活在同一个环境中而发生退化，降低它们的品质。这是人类从大自然身上学来的智慧。

驴和马的关系

马是一种非常强壮的哺乳动物，它的祖先最早出现在北美洲，然后逐渐迁徙到了更多的地方。据说，在5000 ~ 6000年前，人类就在今天的乌克兰地区驯化了最早的一批马。那时，马被当成重要的劳动力和交通工具。如今，被驯化的马已经分布在世界各地，人类对这种动物已经很难感到新奇。驴虽然也属于

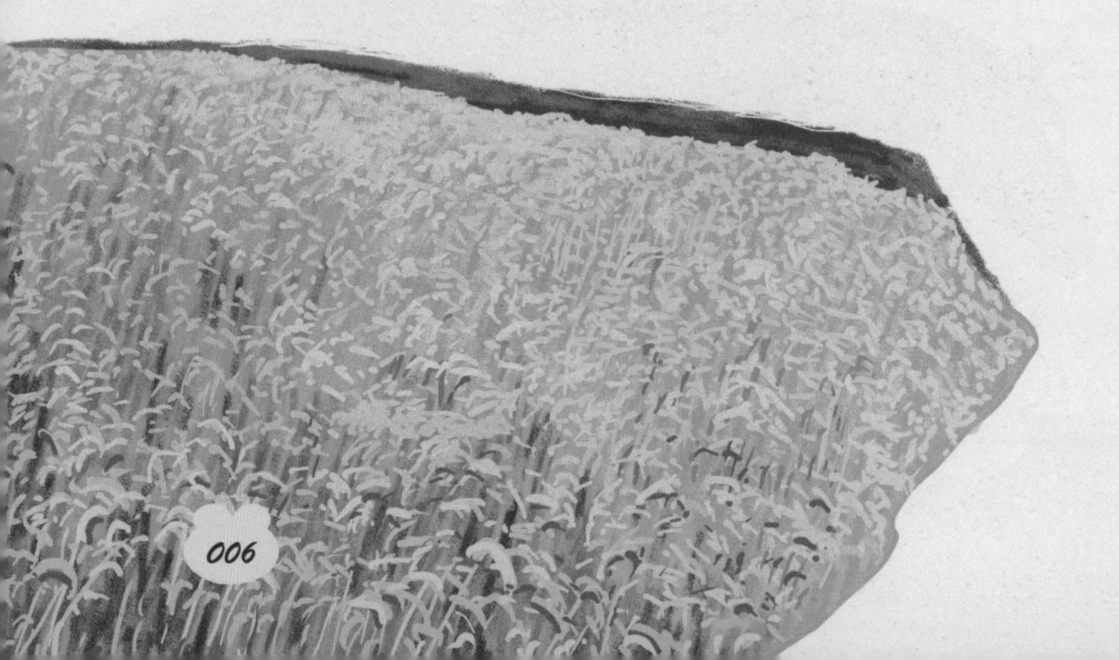

马科动物，但严格来说，它与马并没有我们想象中的那么“相亲相爱”。

很多人都误以为驴是退化了的马，因为不论是它的脑子、

心肺、肠胃、肝脏以及其他器官，还是它的长相、四肢、蹄子，都与马特别相似。但是，这种想法是错误的。因为驴与马之间的差异并不是物种退化造成的，它们本来就是两种截然不同的动物，甚至马被驯化的历史要比驴长很多。要说它们之间的区别，其实要比相似之处多得多：驴的脑袋很大，耳朵又

尖又长，皮毛很硬，而且驴的叫声、食性、喝水的方法也与马大相径庭。

大自然的神奇之处就在于，它可以通过气候、食物甚至其他什么因素，一代又一代地、不厌其烦地去改变生命最初的样子，然后分化出一个又一个不同的物种。根据现有的生命起源学说，马和驴在几万年前或许真的来自同一个单细胞生物，但经过漫长的演化，驴就是驴，绝不是一匹退化了的马，它像其他动物一样，有着自己纯正的血脉。这里说句题外话，驴和马虽为两种动物，但它们也可以产下后代——骡子，这是一种几乎没有生育能力的杂交物种。

知识链接

被叫作“野马”的藏野驴

藏野驴是中国特有的珍稀野生动物，因为它的外形有点像骡子，看上去又比普通的驴更加强壮，所以很多人都会误把它当成马，当地人也会直接称它们为“野马”。藏野驴是所有野生驴中体形最大的一种，属于国家一级保护动物，现在主要生活在新疆、青海、甘肃、西藏、四川等地。

人类的老朋友——牛、羊、猪

如果你曾去过乡村，那么你一定见过牛、羊与猪，这三种家畜曾一度与中国人的生活密不可分。时至今日，它们对一些农民来说仍是非常重要的。人类现在饲养的牛、羊与猪几乎都有着几千年的驯化历史，然而在大自然中，它们还有许多充满野性的近亲正在经历惊心动魄的生存战争。

耕牛与水牛的别样生活

在中国古代，百姓甚至被禁止私自宰杀耕牛，可见它对当时的农业生产有多重要。牛与人类的关系十分密切，它们为人类提供了很大的帮助：牛的肉可以食用，牛的角和骨头可以制作工具，甚至牛的粪便都可以变成土地的肥料。如果人类失去了牛，那我们的生活质量将会大打折扣。牛是农民的得力助手。曾几何时，牛的多少可以鲜明地反映出一个家庭的贫富。如今，牛在人类的生活中依然扮演着重要的角色，尤其是那些依靠耕地种植和饲养牲畜为主的国家，牛决定了那里的国民是否能发家致富。

与马、驴、骆驼相比，牛的身体构造决定了它并不适合负重，因此它在运输行业并不吃香。不过，牛的颈厚肩宽，身体强壮有力，性情温顺，非常适合牵引拖拉的工作，可以帮助人们更轻松地耕耘。当然，牛里面也有不合群的存在，水牛就是其中的典型，它性情暴躁、多变，它的所有生活习惯都是原始的、野蛮的，因此它很难被人类所驯化；即使被驯化了，也总会时不时地给它的主人找些麻烦。在大自然中，野生的水牛更有过之而无不及，它们能用铁蹄和尖角杀死那些胆敢觊觎自己的狮子、鬣狗、鳄鱼、豹子——但即使这样，它们依然逃不开偷猎者的追杀。

家畜里的胆小鬼：绵羊与山羊

绵羊这个种族的延续有赖于人类对它们的格外关照。脆弱的绵羊基本上不具备任何谋生和保护自己的能力。公绵羊也许会比母绵羊稍微强壮一些，但是它们更怕羞、更胆怯、更懦弱，哪怕一丁点儿响动也会给它们造成极大的恐惧。当危险来临时，绵羊似乎感觉不到一样，除非是羊群中的领头羊带路，否则它们就会执拗地待在原地。牧羊人经常会在放羊时带上几只牧羊犬，

并通过指挥牧羊犬来驱赶羊群，控制它们的走向，保护它们的安全。

山羊依恋人类，与人类能很和睦地生活在一起，并且它们的性格活泼，感情外露，能够与人类建立起紧密的关系。比起绵羊，山羊的感情要更加丰富一些，本领也要更大一点儿。无论是危险的悬崖峭壁，还是牧草丰美的草场，它们都能很好地生存下去，绝不会因为一点儿不如意就出现不适。

概括而言，原山羊、岩羚羊和家养山羊都属于同一物种。在这一类中，雌性的变化不大，但雄性产生了变种，彼此之间存在着显著的差异。虽然在保留物种的贡献上，雄性动物和雌性动物都尽了力，但不可否认的是，从某种层面上来讲，雌性

动物为保留物种做的贡献要比雄性动物多得多，它们显然要承担更多关于生育和抚养的工作。

家猪与野猪

在所有动物中，猪是最可怜的那一个，因为它的进化可能是最不完全的。看看它那肥胖的、不灵活的身体，以及那不分辨食物的肮脏的口味，有时它们甚至会通过吃自己的幼崽来满足那低劣的口腹之欲。

猪的皮毛粗糙，脂肪较厚，抗击打能力很强。有人认为猪的触觉很迟钝，有时被老鼠狠狠地咬了也没有反应，但它的其

他感官却很敏感——有经验的猎人都很清楚，野猪在很远之外就能看见、嗅到或者听到人的存在，因此捕猎它们绝不是件容易的事情。

在野外，野猪宝宝们经常会成群结队地跟在野猪妈妈的身边，直到它们长得足够强壮，可以应付凶猛的捕食者时，才会开始单独行动。像猪这类动物都有着很强的团队精神，它们懂得依靠群体的力量来对付入侵者，并与家族成员相互救援。一旦外敌来犯，它们就会紧紧地靠拢在一起，身强力壮的守在外围，弱小的则会躲在中间。野猪是这样，家猪也如此，只不过家猪现在多半被养在圈里，面对捕食者的机会已经少之又少了。

惹人喜爱的狗和猫

如果说除了家畜，还有什么动物至今仍活跃在人类的生活中，那么狗和猫一定榜上有名。有人也把它们通称为伴侣宠物——陪伴人类是它们最重要的使命。狗和猫不仅拥有或可爱或漂亮的外表，它们中的一些成员还具有很多出色的技能，比如一只经过专门训练的狗可以帮助人类完成许多困难的工作。

忠心的看家狗

在大自然中，有很多动物比人类拥有更厉害的感官和更强壮的身体，但人类可以通过驯服它们来掌握新的能力，补充自己所欠缺的那部分。大自然给它的宠儿准备了很多这样现成的“补丁”，狗就是其中之一。

在新石器时代的岩画上就出现过家犬的形象，人类与狗之

间的缘分比我们想象的要开始得更早。从人类的角度出发，一种动物是否完美取决于它是否具有足够丰富的情感——大多数人认为，动物的情感越丰富，就越有能力，越有更高的价值。当一种动物的情感是细腻的、敏锐的，并且还可以在人类的特殊训练下得到升华，那它就有资格成为人类的朋友。

家犬就是这一类动物中的翘楚：从外表看，它可爱、迷人、有魅力；从性格来看，它活泼、勇敢又敏锐；从能力上看，它四肢发达，头脑有智慧，会学习。家犬与饲主之间的情感一般来说是牢不可破的，它会将自己的勇气、才能和精力都献给自己的主人，了解主人的意志，服从主人的命令。虽然家犬不像人类一样有思想，但它有与人类相通的情感，那就是爱与忠诚。

精明的猎犬

猎犬，顾名思义，就是帮助人类打猎的狗。当猎犬听到枪声或者号角声时，就会变得非常兴奋，它们会用嚎叫或者跳跃来表达自己想要作战的狂热之情。当然被追逐的猎物并不傻，它们自然也能感受到猎犬的威胁，并会在第一时间就仓皇逃窜。当它们一旦认为自己已无法逃生时，就会反过来施展所有本领，来对抗跃跃欲试的猎犬——它们会穿过溪流、越过栅栏，甚至来到马路上；如果这样还不行，它们就会去追赶那些受伤、弱小、经验不足的同伴，让同伴成为它们的替死鬼。

事实上，这些小伎俩并不会每次都奏效。猎犬通常都是训练有素的，它们不会轻易改变自己的目标，而是会依靠自己敏锐的感觉

去不停地追逐，直到抓住猎物并将它置于死地。一只合格的猎犬在专心捕猎的同时，还要注意主人的命令，当主人呼喊它时，猎犬需要马上停下自己的动作，并迅速返回主人的身边。

喜欢恶作剧的猫

猫可不是人类忠实的朋友，它们任性、高傲、喜怒无常，从不按常理出牌，总喜欢时不时地给豢养它们的人类制造问题。一开始，猫的存在只是为了对付另一种更惹人讨厌的、不容易赶走的祸害——老鼠。至于老鼠，我们在后面会详细地再说一说，这里就不展开讲了。尽管猫看起来总是那么优雅、漂亮，给人一种人畜无害的脆弱感，但它们的“坏心眼”可真让人消受不起啊！

猫仍保留了掠夺的天性，它们会像骗子一样狡猾地迎合讨好主人，并从主人那里获得它们想要的东西，得到实打实的宠爱。从这一点来说，猫与狗是不同的，它们并没有全心全意为主人

奉献的打算。猫天生怕冷、怕水、怕异味，它们常常会选择一个阳光充足的地方睡觉，并且从来不管这个地方是烟囱还是壁炉，会不会给别人带来麻烦。总之，它从未觉得自己是宠物或是奴隶，而是自作主张地认为自己在与人类分享住所，没有谁有权力阻止它按意愿自由出入这里。

知识链接

什么样的狗才能成为军犬？

我们在生活中能见到各种各样的军犬，比如搜救犬、防暴犬、缉毒犬，等等。针对不同的工作内容，这些军犬具备不同的个性，就像常担任搜救犬的史宾格犬、纽芬兰犬、拉布拉多犬，它们都很聪明，且高度服从于人类，经过专业培训后，可以在复杂的环境中嗅出很多种不同气味；常担任防暴犬的罗威纳犬、马犬、中国昆明犬，则精力旺盛、攻击性强，在执行任务中很容易兴奋起来，能够在训导员的带领下追踪和抓捕犯人。

是鹿，还是狍子

鹿虽然处在食物链的底端，但它的视觉和嗅觉都很敏锐。在危机四伏的大自然中，不论是喝水、吃饭，还是休息，它们总是竖起耳朵，警觉地观察着四周的情况，为自己族群的安全时刻担忧着。说起狍子，你脑海里也许会浮现出鹿的模样——这没关系，因为它们长得实在是太像了，就连跳跃时的姿势都几乎是一样的。

鹿的美好生活

鹿的视觉和嗅觉都很敏锐，当它要走出小树丛，或是去往另一个隐蔽的地方时，都会先竖起耳朵，抬起脑袋，小心翼翼地环顾下四周，再到下风口去感受一下周围是否有令它不安的事物存在。虽然鹿很胆小，但它似乎并不害怕人类，当它听到汽车鸣笛或是人类的声音时，会先观察人类有没有携带武器和猎犬，如果没有，它就会放心地继续散步，甚至会从人类身边骄傲地路过。

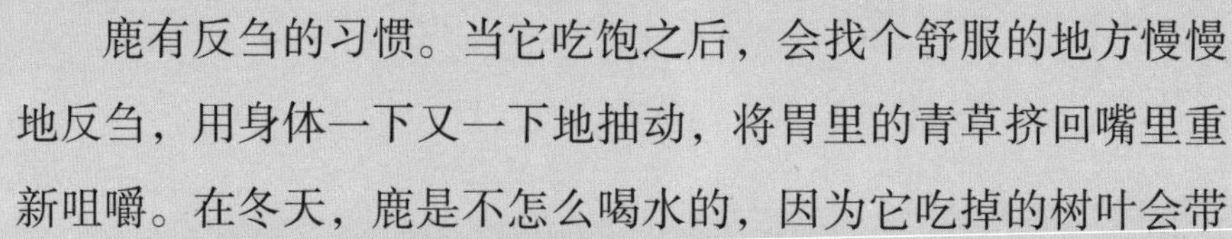

鹿有反刍的习惯。当它吃饱之后，会找个舒服的地方慢慢地反刍，用身体一下又一下地抽动，将胃里的青草挤回嘴里重新咀嚼。在冬天，鹿是不怎么喝水的，因为它吃掉的树叶会带着露珠，这些就足以满足它日常的水分需求。而到了夏天，炎热的太阳会毫不留情地炙烤它，当它实在无法忍受了，就会到处寻找水源——当然，它不仅要

喝水，还会顺便去洗个凉水澡，让自己变得凉爽起来。

随着季节的变化，除了饮水习惯，鹿也会调整自己的饮食结构：春天时，去田里偷吃麦苗，在山上寻找嫩芽、花苞；夏天时，植物茂盛，食物充沛，随意就能找到可口的食物；秋天时，去灌木丛吃花蕾、荆棘、叶子等；冬

知识链接

传说中的“四不像”——麋鹿

在中国的神话故事中，姜子牙有一坐骑名为“四不像”——它脸像马、角像鹿、蹄像牛、尾像驴，因此才得了这么一个名字。“四不像”其实就是麋鹿，它性情温顺，不喜争斗，曾经广泛分布在中国的长江中下游地带，但后来因为栖息地的破坏以及人类的狩猎活动而濒临灭绝。如今，麋鹿这一族群在人们的大力保护下又重新焕发了活力。

天时，下雪了，就去找树皮和苔藓充饥。相信看到这里，你已经发现了——鹿没有冬眠的习性。

猎犬的"最爱"——狍子

狍子和鹿长得很像，但人们似乎总是觉得鹿这种动物要比狍子更加高贵。事实上，狍子长得也很可爱，它有着一双水灵灵的大眼睛，并且体形圆润优美，四肢灵活，每次跳跃都显得格外轻盈和活泼。狍子爱干净，它绝不会去泥地里打滚儿，把自己弄得脏兮兮的，它只愿意生活在干燥且舒适的环境中。在野外的矮木丛下或者幼树丛中，经常会有狍子出现。别看与鹿相比狍子的个头儿矮小、力气不大，但它可是极为狡猾的。

聪明的猎人在捕猎狍子时一定会带上猎犬，因为狍子会散发出较大的气味，这正中了猎犬的下怀。但是，狍子是不会轻易束手就擒的。

在面对猎犬的追捕时，它会用迅速的奔跑和复杂的逃亡路线来试图甩掉猎犬；即使未能摆脱掉，它也不会盲目地到处乱窜，而是运用起计谋来：它会反复地兜圈子，直到把自己往返的踪迹都弄混，把原先的气味与现在的气味都弄混，等到时机一旦成熟，它就纵身一跃，跳出圈子，躲在一旁，让为它而来的猎犬无法轻易辨别出它藏匿的位置。

狍子也是群居动物，但它们一般只会和家人生活在一起，不像鹿那样会结成很大一个群来活动。即使在危机四伏的野外，人们也很少能见到有相互不熟悉的狍子聚在一起。

狡猾的兔子、狼与狐狸

在大多数人的印象里，狐狸和狼都是非常狡猾的动物，比如狼群会围捕猎物，狐狸会留下气味给同类示警。在一些关于狐狸和狼的传说中，它们更是大多以贬义的形象出现，不是恩将仇报，就是诡计多端。而当我们说起兔子时，你也许只会觉得它可爱、单纯、弱小，但你不知道的是——它的狡猾程度绝不逊于前两者。

野兔和穴兔

野兔一般每两天才会进食一次，并且常常会在夜晚时分从洞穴中出来，去找些草、种子、水果、树叶和植物的根茎来填饱自己的肚子。野兔也有最喜欢吃的东西——鲜嫩多汁的植物。如果有人想在家中饲养野兔，那么莴苣和其他新鲜的蔬菜一定是少不了的。在白天，野兔总是喜欢待在自己的窝里睡觉，只有到了晚上，我们才有可能看到它们追逐嬉戏、散步吃食的身影。但是，它们可害羞了，一点点声响就会惊扰到它们。毕竟作为食物链的底端，它们是老鹰、猫头鹰、狐狸、狼等许多动物的盘中餐，不时刻保持警惕的话，很容易就被会吃掉。

野兔和穴兔虽然长得很像，但二者还是存在一些明显的差异的，不能混为一谈。首先，穴兔会花大力气把自己的家建在地下，躲开狼、狐狸和猛禽的捕杀，安心地哺育刚出生的兔宝宝，直到两个月后兔宝宝可以独立生活。其次，穴兔的繁殖能力要远远高于野兔，它们会在合适的地方大量而迅速地繁殖，然后以超强的破坏力摧毁这个地方的自然环境。它们会啃食光青草、种子、果实、植物的根茎，以及幼树和老树的树皮，甚至侵略人类耕种的菜地和农田。如果没有白鼬和狗的帮助，和穴兔生活在一起的人类终将不得不搬离自己的家园。

狗的祖先——狼

狼虽然是犬科动物，但它却是狗的祖先。狼是世界上最喜欢吃肉的动物之一，并且大自然大度地赋予了它们许多谋生的

能力——超越其他动物的智慧、可怖的力量、敏捷的动作，以及超强的团队协作能力。狼天性鲁莽且粗鄙，在它特别饥饿的时候，会不管不顾地去偷袭有人类看守的牲畜，尤其是那些容易被叼走的小牲畜，比如小绵羊、小山羊等。它一旦得手就会沾沾自喜，屡屡再犯，然后——被怒不可遏的人类和狗追着殴打，直到被驱赶得远远的。

狼和狗仿佛是同一个模子里翻刻出来的，即使过了上万年的时间，人们仍旧一眼就能看出二者的亲缘关系。虽说是这样，但时至今日，它们已经演化成了两种不同的物种。如果狼与狗狭路相逢，它们只会相互避开，或者你死我活地搏斗一场，绝不会去攀亲戚。被人类从小养大的狼崽，有时可能会

表现出像狗一样的忠诚，但它们骨子里依然摆脱不掉狼的残暴与征服欲，即使受到长时间的驯养，一旦回归野外，它们就会恢复狼的本性。而狗天生就乐于跟随人类，它们对人类的依恋是世代流淌在其血液里的。

机智的猎手——狐狸

狼用蛮力做事，而狐狸用诡计做事。狐狸从不会直接与人类和猎犬硬碰硬，也不会主动袭击牲畜，它们干的最坏的事情估计就是去人类家里偷鸡了。机智是大自然给予狐狸的最好的

礼物，它们总是狡猾而慎重，聪明又小心，选择恰当的时机做恰当的事情。因为狐狸的睡眠很沉，会像狗一样缩成一团，这对于野生动物来说是很危险的事情，所以它们会像人类一样十分重视自己的住所，把巢穴建在隐蔽而舒适的地方。

狐狸很贪吃，也很会吃。当它们抓不到野兔、野鸡时，就会去捕食老鼠、田鼠、蜥蜴、蟾蜍、刺猬或者蛇，有时还会吃些水果和鸟蛋来解馋。甚至，它们有勇气去袭击野蜜蜂、虎蜂、大胡蜂的蜂巢，冒着被蜇伤的危险吞吃蜂蜜和蜂蜡。在狐狸的食谱上，简直就没有它们绝对不能吃的东西。

让人又爱又恨的鼠类

要说世界上有哪种动物比老鼠还臭名昭著，估计大多数人都答不上来吧！其实，老鼠只是鼠类的一种。鼠类的数量极多，种类丰富，分布范围相当广，不管是在热闹的城市，还是在宁静的乡村，又或是在寒冷的北极，都能见到它们的身影。鼠类弱小且胆怯，不像其他动物那样拥有强壮的身躯，但它们仍然靠超强的适应能力，在残酷的自然竞争中存活了下来。

人人喊打的老鼠

众所周知，大多数人都十分讨厌老鼠，认为它是一种不劳而获、狡猾阴险、危害社会的动物。不过，你知道吗？老鼠是世界上现存最古老的哺乳动物之一。

老鼠名列“四害”之一，给人类的生活带来了不小的麻烦。它们会传播疾病，啃食堆放的种子和粮食，破坏房屋和家具，咬伤牲畜。一年中，老鼠可以生产数次，每次都能生下五六只

呜哇，这里竟然有老鼠！
这里是我的地盘！
我们在哪里都能生存！

幼崽。老鼠具有如此强大的繁殖能力，想要灭鼠谈何容易？在与老鼠漫长的争斗史中，人类曾想出了很多法子，比如养猫、制作捕鼠器、放置老鼠药等，但这些都未能真正地控制住老鼠的数量，反而有时还会导致一些悲剧发生。

人们厌恶老鼠，并不仅仅是因为它们对人类家园的破坏。有人曾见过，在鼠群遭受饥饿时，老鼠不去精诚协作，反而自相残杀起来，强者会杀死并吃掉弱者——这样的行为会持续上演，直到食物不再短缺才停止。在人类看来，老鼠这种动物不具备感情，它们是野蛮的、残忍的、不懂得怜悯的，为了生存可以做出任何事情，包括杀死自己的家族成员。

温顺而胆小的松鼠

与老鼠不同，松鼠是一种非常讨人喜欢的小动物，它们看起来是可爱、温顺、天真无邪的。松鼠不是凶猛的肉食动物，它们虽然偶尔也会吃一些昆虫或者雀鸟，但更喜欢吃水果、榛子、橡栗，因此它们对人类可以说是毫无威胁。松鼠有一条蓬松而优雅的大尾巴，当它们坐立时，这条尾巴会翘至头顶，将整个身体都遮掩在尾巴下。也许是夏天的白天太热了，松鼠更愿意躲在凉爽的巢穴里偷懒，所以在夏天的晚上，我们才能经常在树上发现松鼠的身影——它们会矫健地穿梭在林间，独自从一棵树上跑到另一棵树上，连蹦带跳地寻找着食物。松鼠妈妈一胎通常会生下三四只幼崽，而松鼠宝宝成长的速度很快，一个半月左右就可以独自到巢穴外面活动了。

天生的“盲人”——鼹鼠

鼹鼠的眼睛特别小，又被遮挡得厉害，这给许多人留下了它没有长眼睛的印象。从某一方面来说，鼹鼠的确“没有眼睛”，因为它的视力太差了，完全看不清东西，但大自然给了它足够的补偿——它的听力异常敏锐。鼹鼠有五个脚趾，这在动物中并不常见，这也是它在外形上比较突出的特点之一。鼹鼠不喜欢外出活动，常常蜷缩在地下，除非是夏季雨水淹进了它的洞穴，或者园丁破坏了它的屋顶，否则它才懒得到地上来。鼹鼠没有什么天敌，即使被肉食动物追捕也能轻而易举地逃脱，对它们来说，最大的灾难可能就是洪水泛滥了。

小家鼠的繁殖能力

小家鼠长得并不丑陋，只是有些弱小，但它们的数量众多，分布很广。它们给人类造成的麻烦并不大，而且可以被一定程度的驯化，但它们绝不依恋主人，也不会对主人忠诚。因为小家鼠没有太大的本事，很多猎食者都会把它们当成自己的盘中餐，包括猫头鹰、貂、白鼬等，甚至有一些它们的同类也会来捕食它们。因此，小家鼠想要延续种群的唯一办法就是繁殖。亚里士多德曾说过，把一只怀孕的家鼠放在一个储存种子的瓦罐里，不久之后，里面就会出现120只小家鼠，并且它们都会有同一个母亲！

是的，老鼠有着令人震惊的繁殖力，生命力旺盛的它们似乎在哪里都能生活得很好！

古欧洲的噩梦——黑死病

黑死病，就是鼠疫，这是一种主要借由老鼠为载体传播的烈性传染病。在 14 世纪 40 年代，黑死病曾经蔓延了整个欧洲，这场可怕的浩劫轻而易举地就杀死了当时大约 2000 万的人口，并使数不胜数的人无家可归。感染鼠疫的人会发烧、精神不济，皮肤会出现肿块、破损，并在出现症状的 2 ~ 4 天内迅速死亡，而后病人的尸体就会成为新的传染源，不做防护就接触尸体的人几乎都会被感染。

喜欢群居的刺猬和河狸

似乎是受了刺猬那满身尖刺的影响，人们下意识地认为这种动物就应该独来独往才对，但事实并不是这样的。与之相反，刺猬有着很浓的家族情结，每一个家族都会聚在同一个洞穴内生活。和刺猬一样，河狸也是一种群居的动物。在河狸的社会中，即使成员再多，彼此之间也能相安无事。那到底是什么原因造就了它们这样的生活方式呢？

浑身是刺的刺猬

刺猬又名刺团、毛刺，它个子娇小，嗅觉发达。西方有一句俗语：狐狸知道很多事情，但刺猬只知道一件事情。虽然刺猬不像狐狸那样机警狡猾，但它却懂得在面对敌人的时候迅速地缩成一个球，用它那布满“钢针”的甲胄保护自己柔软的身体，使敌人无从下嘴，无处下手。敌人越是伤害它，它缩得就越紧。大部分动物，比如狗、狐狸、貂，见到刺猬都会下意识地避开。你可不要小瞧它们身上的刺，这些“钢针”能把动物的爪子和嘴巴扎得鲜血淋漓。

有些人会把刺猬当成宠物养在花园中。刺猬并不算是严格意义上的素食主义者，在花园里，它们会去吃那些落在地上的果实，也会去吃那些飞来的小昆虫——但它们绝不会自找麻烦，去肆意破坏园中植物的根茎。

刺猬有着冬眠的习惯，它们可以忍受长时间的饥饿，且没

有太大的胃口。除了冬天，在其他季节里，白天的时候刺猬通常会一动不动地待在巢穴里；到了晚上，才会彻夜奔跑，忙忙碌碌地填饱自己的肚子。在过去，有些人会用刺猬的皮毛来制作刷子。

聪明的河狸

河狸喜欢和同类生活在一起，常见的河狸部落会由10 ~ 12个家族组成，而一个家族通常会有几个到几十个成员。在河狸的社会中，每个成员都会和平共处，共同劳动加深了它们之间的团结，将整个部落紧紧地凝聚在了一起。河狸会分享食物，相互帮助，从不会有掠夺和争斗这样邪恶的念头——它们正享受着大自然中少见的幸福，这是很多动物穷尽一生也从未体验过的美好感受。

河狸会在夏天聚集起来，七八月份开始建造巢穴，九十月份开始储存过冬的食物。而到了秋冬，属于河狸休息和

恋爱的时间就来了，它们会相互结识，然后产生好感，最后结为夫妇，生下爱的结晶。河狸会遵守严格的“一夫一妻”制度，除非一方死亡，另一方才有可能去寻找下一个伴侣。据说，河狸妈妈只需要怀胎四个月就能生产，每胎会有 2 ~ 3 只幼崽。

河狸爸爸不太会承担照顾和养育河狸宝宝的工作，它会把更多的时间用在为家庭寻找食物上，而河狸妈妈会足不出户地看护着巢穴，直到幼崽可以跟随父母出门为止。

河狸筑堤

每年的六七月份，人们常常能看见一群河狸从四面八方聚集在一起，共同组成一个部落，有时是十几只，有时能达到几百只。河狸非常擅长游泳和潜水，它们会把共同的巢穴挖在河边的树根下。为此，它们就需要精诚合作，建造起一个坚固的堤坝来挡住河水的侵犯，这样才能享受平静的日子，而不用时刻担心自己的窝会被冲垮。

这里也为很多水生动物提供了合适的栖息地。
河狸拥有一对十分锋利而又坚固的门牙。

在这个过程中，一些河狸会先将大树啃倒，然后咬断上面的树杈；同时，另一些河狸会在河边奔走，选择可以充当木桩的小树，并将它们拖回“工地”，沿着倒下的大树堆积在河道中做成紧密的桩基。甚至，它们还懂得怎样使用“水泥”——当然，此“水泥”非彼水泥，而是加水搅拌后的泥土。河狸会把它们填在桩基的空隙里，让堤坝更加结实耐用。最令人不可思议的是，河狸似乎明白疏通的重要性，当特大洪水来袭时，它们会在堤坝上制造排水口，并在水位下降时再将缺口修好。

动物之王是狮子还是老虎

在人们的印象里，老虎与狮子都是强壮而凶猛的野兽，它们拥有尖齿、利爪和结实的躯干，位于大自然食物链的顶端。我们会把狮子称为“草

原之王”，把老虎称为“森林之王”。它们虽然生活在不同的环境里，但都是令人畏惧的高级掠食者，是动物世界中的无冕之王。那你有想过吗，如果老虎与狮子之间有一战的话，谁会成为最后的赢家呢？

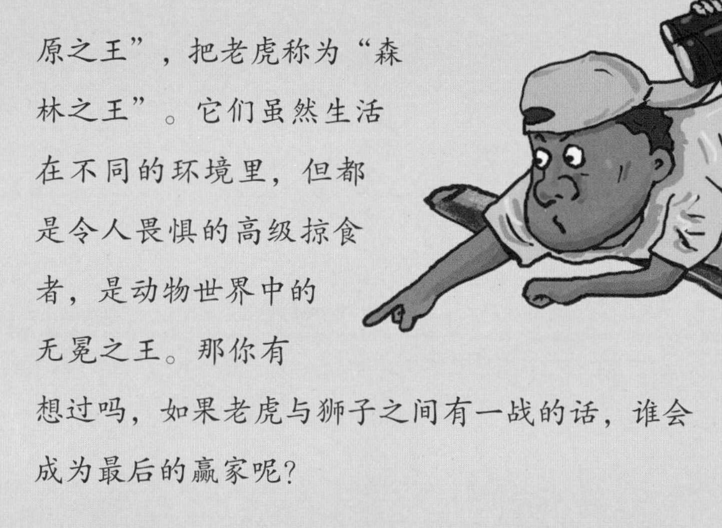

高傲的狮子

狮子喜欢捕食比较大的猎物，比如野牛、羚羊、斑马，但它们也不会轻易就放过小型哺乳动物和鸟类。狮子爱吃新鲜的食物，除非逼不得已，否则它们一定会离腐烂的动物尸体远远的。狮子的外貌与它的内心一样美丽，它不怒自威且目光坚毅，不管什么时候都保持着王者的风范，镇定自若地应付所有来犯者。即使在饥饿的状态下，它们也会堂堂正正地从正面袭击猎物，

而不是去设计那些阴险的陷阱。只不过大部分动物都对它们有着天然的畏惧心理，总是从很远的地方就尽量地避开它们，这使狮子不得不学会小心地躲藏，再出其不意地出现在猎物身边。有时，在荒漠和森林里，狮子还能抓住灵巧的猴子，把它们的骨头和肉一起吞到肚子里面去。

狮子也可以被人类所驯服。在众多历史故事中，你会发现狮子的身影出现过很多次：战场上奋勇杀敌，被贵族饲养在府邸，牵引着凯旋之车……当狮子从小在人类身边长大时，它很容易就能和家畜打成一片，并且会对自己的主人非常依恋和信赖，但有时也会显露出它作为野兽凶悍的那一面。狮子的记忆力很好，人们发现它似乎会对自己受到的虐待耿耿于怀，也会牵挂与它建立起深厚情感的人或动物。我们之前就说过，人类会对情感丰富的动物产生好感，狮子就是其中之一，它的高贵不仅表现在它无畏的品行上，还表现在它与人相似的憎恶与感激上。

天性孤僻的老虎

与狮子相比，老虎要可怕得多。当狮子吃饱时便不会再去杀戮，而老虎嗜杀成性，非常享受捕猎弱者时的快感。在捕猎时，

知识链接

灵巧的爬树高手——美洲狮

在人们的印象里，狮子这种动物似乎不怎么会爬树，其实并不然，美洲狮就是爬树的一把好手！美洲狮的跳跃能力惊人，平衡感特别棒，如果助跑起跳，一跃可达十几米高，而它那宽大而有力的爪子可以帮助它牢牢地抓住树干和树枝。因为拥有爬树这项技能，美洲狮可以将吃不完的猎物挂在树上，等着以后慢慢享用。

与正直的狮子相比，老虎更喜欢从猎物后方发起进攻，并且每一次都会尽量杀死更多的猎物——它会咬住一只紧紧不放，然后又立即扑向另一只。我们常常能听到新闻里播放老虎洗劫牲畜群的消息——不可否认，这就是它卑鄙残暴的本性。

一般来说，每只老虎都有自己的领地，即使一雄一雌也无法在交配季节以外的日子和平共处。雄性老虎似乎总是在无理智地发怒，它们会残忍地杀死不是自己亲生的幼崽，甚至撕碎想要保护自己孩子的老虎妈妈。这种嗜杀程度简直太可怕了！老虎是少数不能改变天性的动物之一，暴力手段也好，怀柔手段也好，都不能完全将它驯服。即使有时经过严苛的训练，它看起来已经与家猫无异，但只要被它抓住机会，就会疯狂地撕咬喂它食物的手，向胆敢质疑它权威的动物咆哮。对于老虎来说，每一种动物都是潜在的猎物，人类也不例外。也许牢笼和锁链可以暂时困住它，让它无法伤害到我们，但是永远无法抹去它身体中那股野兽的怒火。

你打扰我睡
觉啦，赶紧
离开这里！
好的，好的，
我这就走！

凶猛的野兽——豺与熊

豺长得像狼，也长得像狗，它凶残狡诈，嗜杀成性，对弱小的猎物更是从不留情。在众多寓言故事中，它似乎总是在扮演无恶不作的坏人角色。而熊却凭借它那憨态可掬的外表被人所喜爱，常常会让人们忘记它其实与豺一样，都是主要以肉为食物的野兽，是动物世界中令人闻风丧胆的超级杀手。

非狼，亦非狗——豺

豺是介于狼与狗之间的动物，它们既有狼的凶悍，也有狗的随和。豺

虽然是典型的群居动物，但是成员之间的关系非常松散，豺群中并没有所谓的“豺王”或“头豺”。豺个头儿略小，它们从不单打独斗，而是会集合起来发动战争或者捕食猎物。因为豺天生能力不足，面对大型哺乳动物的胜算不高，所以它们更喜欢捕猎小动物，尤其是攻击人类饲养的家畜和家禽。它们常常会在人类眼皮子底下偷偷地溜进羊圈、牛栏、马厩，如果找不到食物，就吃掉里面的皮革制品——难道这就是所谓的“贼不走空”？

在食物紧缺的时候，豺还会纠集同类去“挖坟掘墓”，将人类或者动物的尸体从地下拖出来分食。因此，在豺常常出没的地方，居民们会格外注意将坟地的泥土夯实，并在里面掺上带刺的荆棘以阻止它们的暴行。要知道普通的掩埋是根本难不住它们的！豺贪吃的程度超乎你的想象：任何皮毛、脂肪甚至是动物的粪便，它们都能吃。

沆瀣一气的坏家伙：豺与鬣狗

看了前文，相信你已经知道了：豺对食物并没有很高的要求，有时会成群结队地去坟地里偷挖尸体，这点与食腐的鬣狗很像。尽管豺与鬣狗有明显的长相上的差别，但人们还是常常会将它们混淆在一起。

鬣狗喜欢独来独往，是一种很沉默的动物，相比于流氓一样的豺，它仅仅满足于吃掉死者，而不愿意去过分打扰生者。豺就不一样了，它虽然不强壮、不受欢迎，但依旧我行我素，专干一些令人不齿的事情，很多旅行者都曾受到过它的骚扰，被它偷去东西。总之，豺把狼和鬣狗的卑劣学得彻彻底底，仿佛就是这二者最为丑陋的部分的结合体。

熊：我真的很不错！

熊是独居动物，它的本能就是远离所有群体。熊体形庞大，尾巴很短，体毛又长又密，长有宽厚而锋利的爪子。它几乎什么都吃，既吃植物，也吃肉类。很多人觉得熊很笨拙，但事实并非如此：大多数的熊都会爬树和游泳，能够在崎岖的林间飞快而敏捷地奔跑；一些从小经过驯化的熊甚至可以站立着走路、骑自行车、跟着音乐舞动。

熊的叫声很沉闷，但极具震慑力，通常会夹杂着一些牙齿的战栗。当它被激怒时，这些特点会更加明显。熊其实是非常容易生气的动物，它的愤怒时常出自它的任性。即使被驯化后，人类也需要时刻提高警惕，提防着它的暴脾气，哪怕它看起来已经特别温顺和听话也不行。

熊的感官都比较优秀，虽然从外表看上去它总是憨憨的，但它可以看见很远之外的事物，听到细微的声响，闻到猎物留下的些微气味——尤其是嗅觉，熊的鼻子可是十分灵敏的。但是熊极容易受惊。据说，如果猎人在山中遇到了熊，他们会大吼一声先将熊震住，再举枪将它击毙。然而，如果一击未能如愿，熊就会由于惊恐而扑向猎人，毫不留情地将他杀死。

不能小瞧的庞然大物——大象与犀牛

大象与犀牛都是食草动物，但大象喜欢以家族为单位聚居在一起，彼此分享食物和水源；犀牛则多数喜欢独居，它常会在自己的领地上不厌其烦地巡逻，来防止外来者的侵扰。一般来说，大象和犀牛都是爱好和平的动物，但千万不要因此而小瞧它们——这些骇人的大家伙一旦发怒，势必将引起一阵不小的骚乱！

动物世界里的"智者"——大象

从某一方面来讲，大象是十分平和的动物，它们既不嗜血成性，也不滥用武力，只有在受到威胁和侵犯时才会不遗余力地保护自己的族群。大象是群居动物，成员之间联系紧密，相互爱护，会友好地分享食物和水源。人们很少会在野外看到独自流浪的大象。在象群迁徙时，走在队伍最前方的是老者，稍微年轻些的会自动殿后，小象和体弱者则处在队伍的中间。当然，象群也不会一直这么严格，因为它们在野外几乎找不到能与之较量的对手。当它们在草地和森林中散步时，通常会三三两两

前面有一条大河，我去年到过那里喝水。
太棒了，我快渴死了！
奶奶，我们还要走多久呀？

地聚在一起，但成员之间一般不会离得太远，这样的话，如果象群中谁需要帮助，大家就能马上赶到它的身边。

大象是草食动物，它们的食物通常是草叶、嫩枝、树叶、

树根等，有时也会吃水果和种子。大象那庞大的身躯需要大量的养分，所以在食物紧缺的情况下，它们也会铤而走险，到人类居住的地方偷吃庄稼、蔬菜和水果。这会给人类造成巨大的经济损失，因为大象往往会成群而至。

大象是可以被人类驯化的，它会十分依恋自己的主人。大象这种动物不仅具有很高的智商，还有着非常复杂的情感。它喜欢和抚摸它、照顾它、给它食物的人在一起，并且能够听懂主人的命令，分辨主人的情绪，甚至有些大象在主人去世后会因为悲伤而绝食自杀。战争是人类驯化大象的重要动机之一。在古代壁画中，我们经常能看见人类军队用大象来协助打仗的情景，士兵会骑在大象上从高处攻击敌人。

身披“盔甲”的犀牛

犀牛的战斗力不容小觑，长在它脸上的坚硬犄角甚至可以轻易杀死猎食者。犀牛身躯庞大，四肢有力，打起架来一点儿都不含糊，是陆地上最强壮的动物之一。但是，犀牛在智力上却远不如大象，并且十分胆小，几乎不会主动去挑衅别的动物，只有在它认为自己受到威胁时才会奋起反击。

犀牛的皮肤异常坚硬，像层刀枪不入的铠甲覆盖了它的全身，就算是老虎和狮子的爪子也很难轻易伤害到它。但是，这也是一把双刃剑，犀牛的皮肤上不具备任何感觉系统，因此犀牛的痛感很迟钝，即使受伤了，它也不能很快地做出反应。大象就不同了，它连虫子的叮咬都受不了。

犀牛也是草食动物，但是它的主食是劣质的草、带刺的灌木、甘蔗和种子，与草原上丰美的青草相比，它似乎更偏爱这种“粗粮”。犀牛是不吃肉的，所以很多小动物并不怕它，甚至老虎有时也能和它和平共处。犀牛性格孤僻，不喜欢群体活动，常常在草原上独来独往。按理说，犀牛对人类并不感兴趣，它是不会主动去攻击人类的，但是一旦它认为人类给它带来了威胁，就会勃然大怒，大发雷霆，不将“敌人”顶翻在地誓不罢休。

在很久之前，当猎人们的武器还不足以杀死犀牛时，他们会选择先远远地跟踪，再趁犀牛休息时偷袭它。随着科技的进步，近些年来，因偷猎而导致野外的犀牛已经所剩无几了，希望未来有一天这种强壮的生灵无须再为生存担忧。

骆驼与羊驼可不是一家人

骆驼被称为“沙漠之舟”，因为它简直是上天赐给沙漠居民的最好的礼物——它身躯高大，四肢修长，可以在沙漠中不吃不喝地行走上好几天，可谓沙漠中最理想的运输工具。羊驼的名字里也占

骆驼脚上有着厚实的肉垫子，即使驮着重物在沙漠里也能行走自如。

了一个“驼”字，但它与骆驼一点儿也不像，反而更像是放大版的绵羊。别看羊驼这么可爱，它也曾是印第安人主要的运输工具。

神圣的动物——骆驼

在阿拉伯人的眼里，骆驼是一种神圣的动物。“骆驼”的名字在阿拉伯语中有和“美好”一词相同的词根。骆驼奶是阿拉伯人的必备食物，骆驼肉是他们的盘中佳肴，骆驼毛可以编织成商品，

提高他们的收入。如果失去了骆驼，阿拉伯人将不能好好地生活下去，也不能轻松地进行贸易和旅行了。

所以说，骆驼的存在给阿拉伯人带来的影响深刻又久远，使他们不再畏惧严酷的生活环境。但在过去，阿拉伯人却没能好好地利用这份大自然的恩赐，用他们的贪婪玷污了沙漠——

他们会成群结队地骑着骆驼穿越沙漠，到邻近的国家抢夺财宝和奴隶，并不以为耻，反引为乐。因为他们的暴行总能成功，使得很多人加入了这场不法活动中。

由于沙漠四季的温差较大，骆驼每年都会进行一次大换毛，以适应寒冷或者炎热的气候。但这个过程需要耗费很长的时间，所以你经常会见到骆驼身上有的地方有毛，有的地方没有毛，就像穿了一件破破烂烂的毛衣。

任性的羊驼

羊驼别名美洲驼，它脖子修长，四肢纤细，脑袋很大，是一种喜欢群居的半野生动物。当它们受到威胁时，会向敌人吐口水。据说，它们愤怒时产生的唾液具有很强的刺激性，甚至

会让人起疹子。羊驼很好饲养，它们不需要钉掌，也不需要装鞍，吃得少，喝得也少。

羊驼真正的故乡是位于南美洲的秘鲁。它曾是那里最重要的动物，是印第安人的全部财产。羊驼的成长速度惊人，但寿命很短，一般到 15 岁就步入生命的末尾了。但是这并不影响它们的运输能力：一般来说，一只健康的壮年羊驼可以载重 75 公斤，最厉害的甚至能承重 125 公斤！并且不论道路有多崎岖，环境有多恶劣，它们都能在那些别的动物无法通过的地区长途跋涉。但是，羊驼的行走速度特别慢，这和它们的性格应该有很大的关系——羊驼温和而冷静，做事有分寸：它们会在需要休息的时候，自作主张地停下来，等到休息得差不多了再重新上路；当背上的东西太过沉重时，它们会固执地跪在地上不肯起身，即使挨了抽打也依旧如此。总之，羊驼有自己的想法，并不会完全服从于人类的指挥。

小羊驼和羊驼不是一回事儿

小羊驼属于骆驼科，外形和羊驼长得很像，但是它们没有犄角，体形也更小，鼻吻也缩得更紧凑。小羊驼有着干玫瑰色的绒毛，喜欢居住在高高的山上，即使那里有冰雪也没关系，这会让它们感到更愉快。在过去，秘鲁的国王就不允许人们捕猎小羊驼，因为这个种族太脆弱了，即使到了今天，野生小羊驼的数量仍不是很乐观。

小羊驼是不易被驯服的。它们怕生又胆小，也不会鸣叫，见到陌生事物的第一反应就是马上转头逃跑。虽然它们的肉并不好吃，但绒毛非常保暖，所以尤其受那些高官贵族的青睐，猎人们多半都是冲着这个去的。很久之前，为了抓到小羊驼，猎人会故意将它们赶到窄路上去，并提前在路上拉起三四尺高、挂满布条的绳子。小羊驼受到绳子的惊吓不敢再向前走，只能无助地聚在一起，等待猎人残忍的捕杀。试想一下，如果这群小羊驼中能有胆大的跳过绳子，其他小羊驼一定也能鼓起勇气用同样的办法躲开猎人，相信这时等待它们的将会是不一样的结局。

斑马、河马都不是马

有时候，我们会被动物的名字绕昏了头，比如斑马和河马的名字里都有一个“马”字，但它们真的不是马。斑马算是马和驴的近亲，但它天生性情暴躁，不服管教，很难被人类驯化；而河马属于单独的河马科，更是与马沾不上半点关系，并且它虽然看上去憨态可掬，实则战斗力一流，要是你在野外遇上它就要自求多福了。

草原上的“叛逆者”——斑马

斑马拥有马的外形，但它不是马，更不是驴。它披着一件黑白相间的条纹“外衣”，看起来是那么的显眼。从头到脚，从耳朵到尾巴，斑马浑身上下围绕着的那些条纹，就像是用尺子和圆规画出来的一样，彼此平行，又相互间隔得非常有规律，让人觉得赏心悦目。可能你并没有注意到，雄性斑马身上的颜色其实和雌性斑马身上的有着细微的差别——雄性的是黑黄相间，雌性的是黑白相间。不过，这需要相当仔细地去观察才能发现。当斑马群疾驰而过时，大多数人还是无法马上分辨出它们的性别的。

斑马的体形比马小，但比驴大。尽管有时我们会把它们叫作野马或者条纹驴，但是你要清楚，它们并非马和驴的翻版，

如果非要把它们扯上关系，我们更应该说马和驴是斑马的翻版才对。大自然是神奇的，它从不创造一模一样的生物，斑马就是斑马，它们性情暴躁、不服管教，懂得巧妙地避开套绳，从不轻易被人类捕捉。虽然我们尝试过很多次让斑马与马、驴变得亲近起来，但还没有能力让它们产下后代。至今，世界上还未有过杂交或者驯化的斑马出现。这种动物真是“不自由，毋宁死”的典范！

笨重而强悍的河马

河马与犀牛一样身强力壮，长相却不尽如人意，勉强能用“肥头小耳”来概括一下。与犀牛相比，河马的身体更长，四肢更短，脑袋更大，嘴巴更宽、耳朵更小。并且，河马的身上几乎没有长毛，所有皮肤都处在裸露的状态下——是的，它自

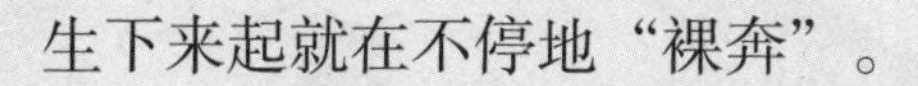
生下来起就在不停地“裸奔”。

当河马咆哮时，它痛苦的叫声既像马的嘶鸣，又像水牛的吼声——仅凭这种声音，“河马”这个名字就取得名副其实。“河马”从字面上理解就是生活在河中的马，但河马可跟马一点关系都没有。河马的门牙质地坚硬，呈圆柱状，倒是有点像野猪的獠牙。你知道吗？河马的一些牙齿甚至会有十多斤那么重！

河马并不是那种暴躁的动物，它天性温顺，不会动不动就要和谁拼个你死我活。再加上河马体重超标，身体笨重，在陆地上跑起来非常缓慢，大多数动物都能将它远远地甩在身后——连对手都追不上的话，河马就算想打架也打不了。但是，当它回到水里，它游泳的速度要比奔跑的速度快很多，虽然不像水獭、河狸那样来无影去无踪，但也算是妥妥的一位运动健将。

知识链接

“斑马线”的由来

在古罗马时代，为了减少交通事故，人们在路上横砌起了一块块凸出路面的石头，让行人可以踩着它们穿过马路。随着科技的发展，汽车出现了，它的危险程度远远高于马车，这使得之前的方法行不通了。后来在20世纪50年代初期，英国人经过多次试验，在街道上设计出了一种横格状的人行横道线，来帮助行人安全、快速地通过马路。这些醒目的白色横线看起来就像斑马身上的线条，因而被人们戏称为“斑马线”——不知道当时的设计者是不是从斑马身上获得的灵感。

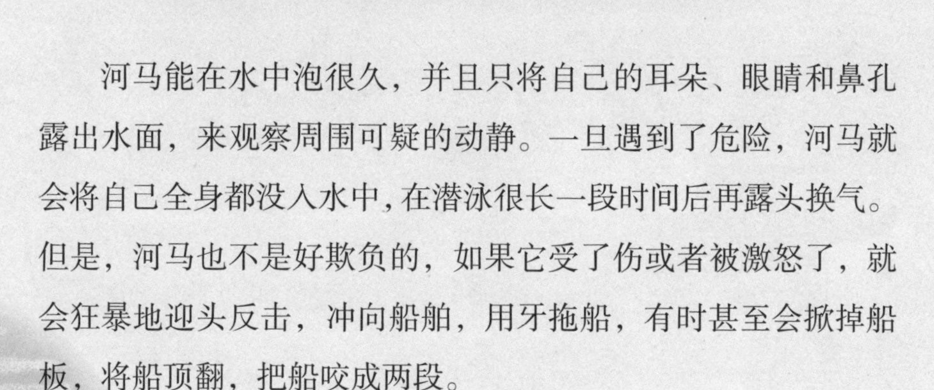

河马能在水中泡很久，并且只将自己的耳朵、眼睛和鼻孔露出水面，来观察周围可疑的动静。一旦遇到了危险，河马就会将自己全身都没入水中，在潜泳很长一段时间后再露头换气。但是，河马也不是好欺负的，如果它受了伤或者被激怒了，就会狂暴地迎头反击，冲向船舶，用牙拖船，有时甚至会掀掉船板，将船顶翻，把船咬成两段。

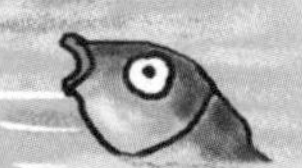

河马的食谱很杂，食量很大。它喜欢吃甘蔗、水稻、草根、水果、水草等，但有时食物短缺，它们也会同室操戈，杀死并吃掉同类。

美丽的生灵——羚羊、驼鹿与驯鹿

要说动物世界里有谁担得起“优雅”一词，那羚羊和驯鹿一定当仁不让。羚羊有着深邃而美丽的眼睛，它不喜争斗，总

是平静而机敏地注视着四周，迈着轻盈的步伐随着族群散着步。至于驼鹿和驯鹿，则因为它们只能以跳跃的方式走路，所以它们看起来总是在快乐地蹦蹦跳跳着——它们甚至可以这样走上一整天都不会累！

温柔可人的羚羊

羚羊是非洲常见的动物之一，它们比一般的羊要厉害得多，也凶悍得多，尤其是公羊那两个弯弯的犄角看起来就很吓人。羚羊的身段很像鹿，后腿比前腿要长，腹部很白，犄角特别黑。它们爱干净、讲卫生，喜欢在干燥整洁的地方入睡。在旷野之中觅食、散步时，它们会异常警惕，不断抬头观察周围的情况，一旦发现有危险正在靠近，会立即向族群示警，并马上逃跑。如果在途中遭受了袭击，这种胆怯的动物就会变得非常勇敢，它会拼死向敌人进攻。

羚羊有双美丽的眼睛。在很多文学作品中，作者都会将一个涉世未深的女孩的眼睛形容成羚羊的眼睛。很多人都这么认

为：羚羊是一种有灵性的动物。大部分羚羊的后背都是浅黄褐色的，肚子是白色的，身体侧面会有一条棕色的带子将这两种颜色分开。它们的耳朵都是长长的，直立在脑袋上的，但尾巴有的长，有的短。与山羊相似，所有羚羊也都长着犄角，不分雄性、雌性，只不过雄性的犄角更长、更粗一些，看起来会更明显。

驼鹿与驯鹿

如果把驼鹿和驯鹿做比较，我们很容易就能发现二者外貌上的一些不同：驼鹿要更粗壮一些，它的腿更长，脖子更短，被毛很长，角更宽大；驯鹿则既矮又小，腿很结实但比较短，蹄子很大，身上的毛更浓密，角上有许多分叉。不过，它们也有相似之处：它们的脖子上都长着长毛，尾巴短短的，非常可爱，耳朵又长又直。

驼鹿和驯鹿一样，都是以跳跃的方式前进的，它们走起路来就像在小跑，轻盈而又敏捷。虽然驼鹿与驯鹿的栖息地不同——驯鹿住在山上，驼鹿住在低地和湿润的森林里，但它们都是典型的群居动物，它们总是成群结队地活动，人们很少能在野外看到脱离鹿群或者落单的驼鹿和驯鹿。

驯鹿与拉普兰人

驼鹿和驯鹿都可以被人类所驯化，不过驯化驯鹿显然要

更轻松一点。驼鹿是一种生性不羁、喜欢自由的动物，它讨厌被束缚；而驯鹿却曾长时间作为最原始民族拉普兰人唯一的家畜。拉普兰人居住的地方，冬季漫长，夏季短暂，气候

总体来说十分寒冷，经常会出现恶劣的暴风雪天气。在这样严峻的环境下，普通的家畜，比如猪、马、牛、羊，都很难活下来，因此拉普兰人开始寻找森林中的动物来代替普通的家畜，驯鹿便映入了他们的眼帘。拉普兰人曾世世代代都以放鹿为生。

坦白地讲，被驯化的驯鹿要比驼鹿有用得多：它们可以像马那样拉雪橇、拉车，在冰冻的草原上照常奔跑，即使日行 15 公里也没有问题；它们产下的奶比牛奶更有营养，肉也很美味，皮毛还能做成品质优良的毛皮制品或皮革制品。对于拉普兰人

知识链接

在偷猎阴影下的藏羚羊

比起被圈养起来的绵羊和山羊，野外的藏羚羊要面对的还有偷猎者的枪口。藏羚羊是我国特有的珍稀动物，它身上的绒毛非常细质柔软，有着“金羊毛”的美誉——用这种绒毛织成的披肩和围巾被称为“沙图什”，意为“绒中之王”，其价值连城，曾是西方世界里富人们的标配。但是，这也给藏羚羊带来了极其血腥的屠杀！铤而走险的偷猎者会杀死成百上千只藏羚羊，将它们剥皮后遗尸荒野，哪怕面对幼崽也不会手下留情。

来说，驯鹿凭一己之力就承担了马、牛和羊能为人类做的所有工作。如果他们有一天不幸失去了驯鹿，那么这一定会是场无法形容的灾难。

大自然大方地向人类馈赠了马、牛、羊，以及其他家畜，用以帮助人类获取衣食，更便利地生活。大自然值得人类赞美，它是如此慷慨，它对人类的偏爱、给予人类的财富要比其他动物多得多！

住在树上的森林居民：树懒与猴子

猴子和树懒都生活在树上，但比起精力充沛的猴子，树懒就显得有些笨拙和懒惰了——也许是不幸才对。猴子拥有灵敏的感官和强健的四肢，可以在树上来去自如，甚至懂得在争斗中耍些小伎俩。而树懒既没有牙齿，也不够机警，只能在树枝上缓慢地爬行，它食谱上的东西简直少得可怜——相信你也能看出来，它绝非一个好猎手。

懒得出奇的树懒

有很多生物学家都觉得树懒是唯一被大自然虐待的动物，它们不仅相貌丑陋，而且不能捕捉猎物，也不能吃肉；在运动方面也缺乏足够的才能，每次的行走与攀爬都是一项漫长而艰巨的任务。这种动物存在的意义，似乎就是在向我们展示它生来有多么的不幸！

树懒嗅觉灵敏，但视觉和听觉不是很发达，主要以树叶、野果为食。因为它行动迟缓，又懒得出奇，所以每次都需要相当长的时间来上树或下树——在这段时间里，它们必须要忍受

饥饿以及其他最迫切的生理需求。由此，相信你也能理解树懒为什么不愿意下树了吧。

在树上时，树懒会紧紧地攀附在树枝上，然后慢慢地咀嚼树叶，直到把树枝上的所有

树叶都吃光。这样的过程一般要持续几周的时间，它们在中途甚至都不喝水！然而，就算吃光了食物，除非是饿到不能再忍受、不进食就会死的程度，树懒才会慢腾腾地转移阵地，来到地面上寻找新的住所。

但是，在地上，树懒就身不由己了——它的命运被牢牢掌握在它所有敌人的手心里。树懒是一种很古老的动物，为了高度适应树栖生活，它已经丧失了地面活动的能力，再加上它的肉很好吃，因此在过去人类和肉食动物都会捕杀它们，其中尤以蟒蛇和猛禽为主。事实上，且不论它在树上还是地上，树懒本身都不具备自我保护的能力，即使它有着看起来很吓人的长长的爪子！对于它来说，最靠谱的自卫可能就是

不要移动，这样反而不易被敌人发现。

受树懒特殊的习性的影响，树懒幼崽的成活率很低，即使雌性树懒经常繁殖，能平安活到成年的树懒宝宝也少得可怜。

介于野兽与人类间的猴子

大自然中的每种动物都有其存在的理由，有其区别于其他动物的特征。博物学家曾做过一个网状的图谱，来介绍各种动物之间的亲缘关系，其中，与人类形体最为接近的就是猴子。我们必须认真地对待它们与我们之间的区别。对于猩猩，如果只从它的外表上看，很多人都会觉得这种动物是人类的雏形、猴子进化后的产物，因为它身上具有的，人类和猴子也有。人类与动物

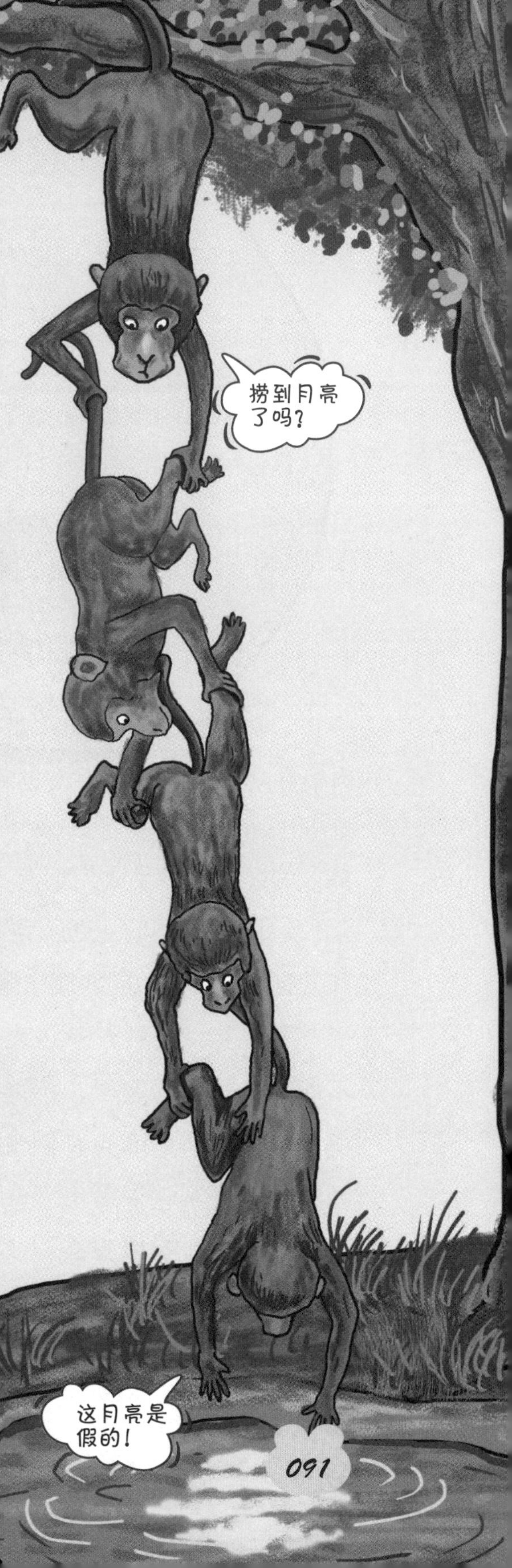

知识链接

顽皮可爱的金丝猴

金丝猴是中国的一级保护动物，即使说它是国宝也不夸张。金丝猴分成了 6 种不同的族群：缅甸金丝猴、怒江金丝猴、川金丝猴、滇金丝猴、黔金丝猴以及越南金丝猴，并且其中绝大部分都属于中国特有的珍稀动物。金丝猴一般喜欢生活在高山密林之中，在这里，它们吃野果、竹笋和苔藓，也会掏鸟蛋、抓昆虫。因为金丝猴栖息的地方海拔都很高，所以它们大多鼻子上翘且鼻孔很大，这都是为了适应高原缺氧环境而进化出来的。另外，并非所有金丝猴都裹着金色的皮毛。

最大的区别不过是我们拥有“灵魂”。大自然单独赋予人类智慧，使我们创造出了思想、语言、文字。猩猩和猴子都没有这些，却具有与人类相似的四肢、躯干、感官、大脑和舌头。

事实上，虽然猴子热衷于模仿人类的一举一动，但完全不能理解其中的逻辑，不能自主做出任何人类的行为。可能有人会说，这是因为它们没能接受教育，或者人们自带高等动物的傲慢对它们做出了并不公正的评判。要知道人类与年幼猿类的相似程度很高，这不仅表现在没有毛发的皮肤上，更表现在超群的智慧上。但事实就是事实，猴子并不是人类的亚种，甚至都不算是动物中最聪明的那一个，只是它们的

外表与我们相像，让我们产生了亲近感与期待，因此给一些人造成了误解。

猴子很善于模仿，这是它们的才能之一。但你思考过吗，猴子是否可以在它想模仿人类时就能模仿，还是在无意识地重复人类的行为？乔治·布封曾断言：猴子的模仿并不出自其本心，更像是其本性，不具备任何自觉意识。因为猴子的形体与人类的相似，二者就像是具有相同零件的钟表或者机器，当这两个钟表或机器运转时，必然会出现类似的运动，你绝不能说一个是在模仿另一个——这种想法大错特错。

拉风的猛禽——鹰、秃鹫与猫头鹰

鹰作为猛禽中知名度最高的那一个，有着“天禽”的美誉，古人曾把它视作天神的使者，将它画进图腾之中。猫头鹰也因其出色的捕猎和储存食物的能力，而得到了人类的赞美，被称为“黑夜杀手”。但是，与它们相比，贪婪而懒惰的秃鹫却被人们讨厌，因为一旦有死去的动物尸体可以吃，它们就绝不会再浪费体力去与活物相争。

展翅高飞的鹰

在鸟儿中也有一些喜欢吃肉的家伙，它们通常都有着强壮的翅膀、像钩子一样的鸟喙，以及异常锋利的爪子。鹰就是这类鸟儿中的王者，无论从体魄还是精神来说，它和狮子都有着很多相似的地方。首先，鹰和狮子都有着强大的力量，狮子被

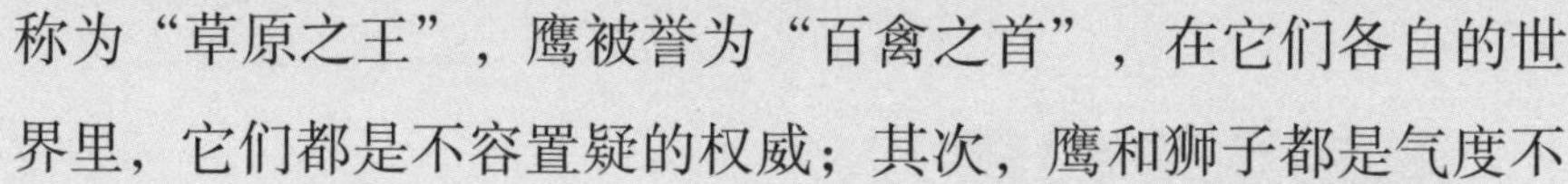

称为“草原之王”，鹰被誉为“百禽之首”，在它们各自的世界里，它们都是不容置疑的权威；其次，鹰和狮子都是气度不凡的动物，它们不屑与一般的动物计较，只一心关注它们想要征服的东西，并且懂得控制自己的欲望，绝不会滥杀无辜。

鹰对食物有很高的要求，它不愿意去碰那些腐烂的动物尸体，并且懂得享受自己得来的战利品。我们很少见到两群狮子能够和平共处，同样两只鹰也很少出现在同一领地。并且，鹰难以驯化，除非它从雏鸟时期就开始跟在人类的身边。一个好的驯鹰人需要用上十分的耐心，并且懂得对待雏鹰不能光靠蛮力——只有掌握高超技巧的那些人才能训练出上好的猎鹰。

鹰天生就是不可小觑的捕猎高手，它能飞得很高，它的视力很好，只可惜腿脚不是特别灵活，尤其是当它落在地上，想要

再次起飞时，就会显得特别吃力。鹰会将自己的巢建造在悬崖峭壁之间，鹰巢建好之后，可供成年鹰及其雏鹰享用一生。

喜欢吃腐食的秃鹫

秃鹰是一种卑鄙而残暴的动物。与高傲的鹰不同，面对猎物些微的抵抗，秃鹫就会充当起卑劣的杀手，纠集同伙来将猎物置于死地。秃鹫不是战士，更像是残忍的屠夫，因为在猛禽中只有它们会选择群体作战，用数量的优势去捕杀猎物；也只有它们才喜欢吃腐肉，抢夺尸体，有时还会将死尸咬成碎片，甚至吞掉死尸的骨头。秃鹫就像是在天上飞的豺，有

着和豺一样贪婪且懒惰的本性。要知道，即使是那些不起眼的小型猛禽，也绝不会做这种有失颜面的事情。

我们可以从很多方面来区分鹰和秃鹫：秃鹫的眼睛凸出眼窝，而鹰的眼睛深陷在内；秃鹫的脑袋上光秃秃的，只有零星几根羽毛或绒毛，而鹰浑身大部分地方都覆盖着浓密的羽毛；秃鹫的爪子比较扁平，而鹰的爪子几乎呈半圆形……最重要的一点，秃鹫几乎是唯一一种成群结队出现的猛禽，其数量之多，足以让你在很远之外就能发现它们。之前我们说过鹰起飞很困难，但秃鹫也不见得好到哪里去，它们不仅没有多么美妙的飞行姿势，甚至光是起飞就已经为难住它们了，有时需要尝试很多次才能勉强地飞起来。

昼伏夜出的猫头鹰

猫头鹰乍一眼看上去和普通的鹰差不多，都拥有同样大小的身体，但事实上它们的体形要比鹰的小一圈——但你千万不要因此低估猫头鹰的战斗力！猫头鹰的脑袋很大，脸庞很宽，臂展很长，鸟喙与爪子都是钩状的，非常锋利。当夜晚来临时，它们“咕呜——咕呜——”的刺耳叫声就会回荡在旷野中，令路上的行人毛骨悚然，还会把已经入眠的鸟儿惊飞。在古代，人们曾把猫头鹰叫作“报丧鸟”，因为他们相信哪里能听到猫头鹰的叫声，哪里不久之后就会有人死去。

猫头鹰喜欢居住在山洞中或者被人遗弃的房子里，并总是会在自己的巢穴里填满食物。它们会捕食野兔、家兔、田鼠等小型哺乳动物，并直接将抓来的猎物生吞到肚子里面去，先把猎物的肉消化掉，再把剩下的皮毛、骨头吐出来。猫头鹰吃的东西很杂，除了刚才讲的那些，它们还会吃蝙蝠、蜥蜴、蛇、青蛙、蛤蟆等。猫头鹰喂食雏鸟也不挑食物。

熟悉的鸟中来客：鸽子、麻雀和金丝雀

无论在喧嚣的城市，还是在宁静的乡村，鸽子和麻雀这两种鸟儿几乎随处可见。它们都是群居动物，依恋同类，性格温和，不喜欢争斗。比起其他挑剔的同类，它们不需要多优美的环境，似乎只要有食物就能很好地生存下去，并且昆虫也好，粮食也好，它们都能吃进肚子里面，真是一点儿也不挑食。

多重身份的鸽子

鸽子有野鸽和家鸽之分，野鸽是家鸽的祖先。鸽子的飞行速度很快，身姿轻盈，虽说不是什么猛禽，但它也不会轻易就被人类驯服。为了饲养鸽子，人类必

瞧瞧，我的小鸟比你的叫得更好听！
明明是我的更棒！
101

须为它搭建结实的鸽棚，给它提供充足的食物，并且不能让它更感到孤单——鸽子是群居动物，它对同类有着天然的依恋。事实上，我们很少能在生活中见到只养几只鸽子的养鸽人。

鸽子曾是人类的宠物、信使和食物。你知道为什么鸽子经过训练后可以帮人们送信吗？这是因为人类利用了禽类的恋巢性。简单来说，就是信鸽在外地被放飞后，会不断尝试飞回自己的巢穴，这时另一边的人们只要守候在巢穴旁边，就能接收到信件了。当然，在这个过程中，信鸽会受到很多因素的影响，并不会像电视剧里演的那样“使命必达”。

鸽子性情温顺，对伴侣很长情，从不相互厌烦、争吵或打斗，它们夫妇会

共同承担生儿育女的工作，雄性鸽子甚至会与伴侣轮流孵化鸽蛋，呵护雏鸽，与伴侣维持一个平等互助的关系。

被农民讨厌的麻雀

人迹罕至的地方几乎见不到麻雀，这种鸟类和老鼠一样，对人类有着眷恋之情。它们更喜欢生活在人类聚居的城市和乡村里。麻雀既贪吃又懒惰，如果人类愿意为它们撒一把小米，它们就绝不会再浪费时间去寻找别的食物——就算是面包屑和剩饭，它们也甘之如饴。

麻雀数量众多，且诡计多端——这才是它们惹人讨厌的地方。即使经常受到人类的施舍，它们也从不给自己立规矩，既吃昆虫、种子、野果，也会去稻田里偷吃粮食，这给农民带来了

不小的影响。也许你会说麻雀这么小，又能吃多少粮食啊！但你要想一想，一个雀群通常会有成百上千只，有时甚至是上万只麻雀！每当播种或者收割的季节来临时，麻雀就会紧随农民身后，甚至去家畜的棚子里、家禽的窝里偷吃饲料，更有甚者会飞到蜂箱周围搞破坏，吃蜜蜂以及它的幼虫。

麻雀并不害怕人类，甚至敢于戏弄人类。人们很难让这种狡猾的鸟儿上当，想要驱赶它们更是难上加难。大部分麻雀都可以灵活地避开人们设下的那些陷阱。

天真无邪的金丝雀

金丝雀又名芙蓉鸟、玉鸟、白燕，是一种很容易就能被驯化的鸟儿。它有着温和、亲切的性格，乐意与人类亲近，会对人类产生依恋。即使生气的时候，金丝雀也不会主动去伤害人类。很多喜欢养鸟的人都对金丝雀抱有很大的好感。

金丝雀的歌声比不上夜莺的，但它拥有极好的听觉，很善于模仿和记忆，不仅能唱歌，还能学人讲话。并且，金丝雀可不像夜莺那样需要娇生惯养，必须吃肉或昆虫，它只需要一把谷子就能很好地生活下去。但是，金丝雀也有要求高的地方，

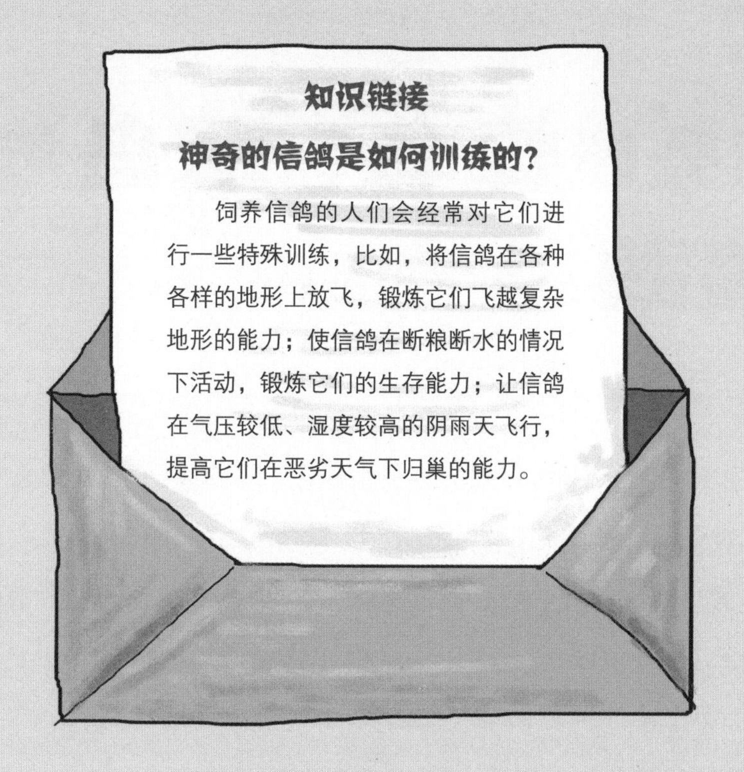
知识链接

神奇的信鸽是如何训练的？

饲养信鸽的人们会经常对它们进行一些特殊训练，比如，将信鸽在各种各样的地形上放飞，锻炼它们飞越复杂地形的能力；使信鸽在断粮断水的情况下活动，锻炼它们的生存能力；让信鸽在气压较低、湿度较高的阴雨天飞行，提高它们在恶劣天气下归巢的能力。

那就是住的地方必须要干净，它比其他鸟儿更喜欢洗澡和沐浴。

夜莺总是喜欢自顾自地歌唱，对人们的赞美不屑一顾，也不愿意因为人类而让自己的歌声有一丝一毫的改变。但是金丝雀不一样，它愿意做出改变，可以在任何时候歌唱，给人类带来快乐和喜悦。

漂亮的蜂鸟、翠鸟与鹦鹉

并非所有的鸟儿都拥有漂亮的羽毛，美丽的长相更像是大自然的恩赐。人们就常常赞叹造物主是如此神奇，竟然能创造出蜂鸟、翠鸟与鹦鹉这样神奇的杰作。蜂鸟体态轻盈，其羽毛闪着宝石一样的光泽；而翠鸟敏捷、机警，浑身绚烂而明艳。说到鹦鹉，人们对它的第一印象便是那五彩缤纷的外表。

比想象中更厉害的蜂鸟

蜂鸟是世界上最小的鸟，它的体形大小和蜜蜂差不多，每次飞行的时候都会发出嗡嗡的声音。蜂鸟是大自然的杰作，它轻盈美丽，动作敏捷，有着美丽的羽毛，又长又细的嘴巴可以伸进花朵里吸食花蜜。蜂鸟主要分布在美洲大陆，印第安人把这种美丽的小鸟称为“太阳的光芒”，他们在过去甚至会捕捉蜂鸟来当首饰，装饰女性的耳朵。

蜂鸟的勇气和耐力都超群，但性格有些急躁，有人曾见过它愤怒地驱逐比自己大 20 倍的鸟！有时，蜂鸟之间也会因为采蜜而发生激烈的斗争，它们会用钢针一样的喙去狠狠地啄对方，直到分出胜负来。

饲养蜂鸟是件非常困难的事情，也可以说完全做不到。大部分的蜂鸟被捉住后很快就会死亡，也有一小部分幸存下来的。人们曾尝试着用果汁去喂养它们，但是几个星期后，它们依旧逃不开死亡的命运。也许只有从花朵中抽出花蜜，才能养活它们吧。

蜂鸟是出色的建筑师。它们的巢和它们的样子一样精致。筑巢时，雄鸟负责收集材料，雌鸟负责编织，它们会一根一根地精心挑选那些用来筑巢的纤维，为未来的儿女们制作一个舒适而坚固的小小摇篮。雌性蜂鸟的体形要比雄性的大一点儿——但这个差距微不足道，因为蜂鸟本身就已经很小很小了。蜂鸟夫妇产下的鸟蛋只有豌豆粒那么大。在孵化鸟蛋的过程中，蜂鸟夫妇会轮流承担这个工作，等到 12 天以后，苍蝇大小的蜂鸟宝宝就诞生了。

生活在水边的翠鸟

翠鸟是最美丽的鸟类之一，没有几种鸟能比它更漂亮！它身姿婀娜，有着像缎带一般熠熠生辉的羽毛，在阳光下会发出宝石般的光泽。翠鸟虽小，却不像蜂鸟那般食素，它们有着高超的捕猎技巧，以捕食水中的鱼虾为生。因此，人们常常能在小溪边见到它的身影。

当翠鸟准备捕猎时，会先静静地注视着水面，一旦发现了正在游泳的鱼虾，它就会像离弦之箭一样立刻钻入水下，然后在几秒内再冲出水面，衔着猎物迅速返回岸上。翠鸟曾经生活在比较炎热的地方，但它们已经习惯了如今的低温。人们曾经一直以为翠鸟是候鸟，但后来证实了它留鸟的身份，并发现这种小小的鸟儿竟然对

寒冷的忍耐程度很高。

要说翠鸟最奇特的一点，那就是作为鸟类的它根本没有建窝的习性！它们会直接去寻找那些水鼠或虾蟹挖的洞穴，然后将其挖深，把入口修整好。有时，人们还会在翠鸟的窝里看到小鱼的骨头和小虾的鳞片——谁能想到这里竟然是翠鸟的家？

鹦鹉与人类

你一定听说过“鹦鹉学舌”，这个成语形容的是别人说什么，这个人也跟着说什么。讲到这里，你一定知道鹦鹉最大的特点是什么了：学人类说话。鹦鹉可以通过声音与人类建立起亲密的关系，能以模仿这种方式使人类感到愉快。尽管鹦鹉并不知道自己说出的话是什么意思，但它们仍然热衷于充当人类的对话者。它会时而欢笑，时而语气低沉，时而说出驴唇不对马嘴

的话语，看起来滑稽又奇怪。

鹦鹉爱憎分明，懂得嫉妒、偏爱、耍小脾气，似乎还会自我感叹、自我振奋、自我娱乐。它不排斥主人的抚摸，在喜欢的人面前会变得低眉顺眼，非常听话。有时，当家中遭遇了不幸，它也会学着人类一样哭泣呜咽，就像是在哀悼失去的家人。

迁徙的候鸟

——鹤、野雁和野鸭

一些鸟儿有着迁徙的习性，它们每年春秋两季都会往返于不同的地方，选择那个时节更加适合它们生存的栖息地来避寒和繁殖，这些鸟儿被称为候鸟。鹤、野雁和野鸭都是候鸟。为了使迁徙更加顺利，它们会成群结

队地聚在一起，依靠不断变换队形，来减少体力的消耗——这样的智慧，在别的鸟类中太少见了！

优雅的鹤

鹤的飞行方式十分优雅，它们会井然有序地排成队列，进行长时间的飞行。但是，鹤起飞时十分费力，它必须要助跑才

能飞起来一点，然后不断地拍打双翼，再越飞越高。一个有经验的旅行者可以根据鹤群不同的飞行方式，来判断天气和温度的变化。白天时，鹤群发出悠长的鸣叫声暗示着即将下雨，发出嘈杂的鸣叫声则暗示着暴风雨的到来；清晨或傍晚时，鹤群在高空中悠然飞过暗示着天气晴朗，降落或低飞则暗示将会有恶劣天气。

鹤是一种极其忠贞的动物，它们严格执行“一夫一妻”的制度，一旦找到了自己的伴侣，它们就会彼此相守一生一世。鹤喜欢和同类在一起，一个鹤群通常会有十几只成员。它们惧怕人类，却待家畜、家禽友善。不论何时，鹤群都会有岗哨承担警戒的任务，一旦发现了危险，它就会引颈长鸣来警告自己的同伴。

鹤是候鸟，每年初秋时分，当天气开始转冷时，它就会开始进行长途跋涉，从一个地方迁徙到另一个地方。比如，多瑙河流域和德国境内的鹤群会飞往意大利，其中有一小部分会穿越法国，在这里补充能量——但是大部分鹤群都是匆匆掠过法国的，不会在这里停留。

难以分辨的鹳与鹤

鹳和鹤一样都是大翅膀的鸟，当它飞行时，脑袋会向前探去，双腿则向后伸直，即使在暴风雨中，这种鸟也能飞得很高很远。白鹳是最常见的鹳，它浑身几乎都是雪白的，只有翅膀顶端带着一点黑色。在欧洲，鹳被当作春天的使者，看到它们就代表着春天马上要来临了。这种鸟儿非常恋旧，会

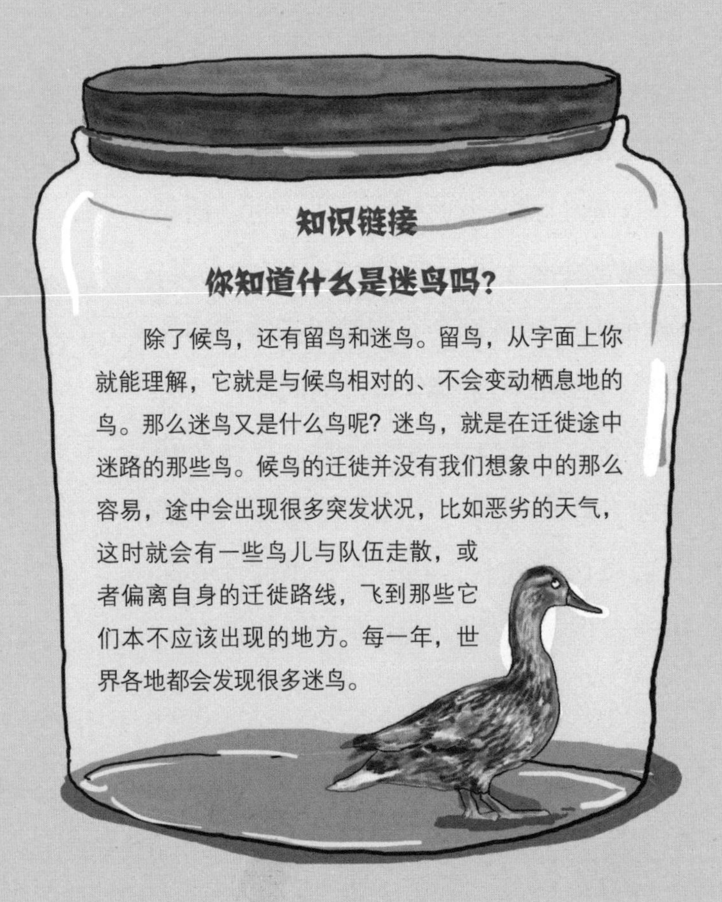

乐此不疲地修复自己的老窝，即使窝已经完全被毁了，它们也要在同一个地方搭个新的。但是，它们搭巢的地方真是格外古怪，比如塔楼高高的顶端、陡峭的岩石顶尖上。在古代欧洲，还会有人专门在房顶上放个车轮或木头箱子来吸引它们入住。

鹳与鹤都属于大型涉禽，它们已经习惯了在水边生活。因为鹳休息的时候也会像鹤一样单脚站立，所以从远处看，人们几乎分不清它们谁是谁。

野雁和野鸭

野雁可以飞得很高，只有在大雾弥漫的时候，它才会飞得低一些。在飞行途中，野雁总是显得沉稳冷静，翅膀拍打着空气却不会发出任何声音，仿佛在天空中一寸一寸不留声息地移动。大多数候鸟在迁移时都会排列成井然有序的队伍，野雁也不例外，它们会排成最恰当、最有利的队列，来减小飞行时的空气阻力，减少群中成员飞行时的疲劳。

野鸭和野雁一样也是候鸟，在欧洲，每年的10月15日左右，头一批野鸭会先抵达法国；然后到了11月，大多数野鸭才会全部赶来。但是，野鸭的最终目的地并不是这里，它们还会继续飞越一个又一个池塘，穿过一条又一条小溪，直到回到自己的出生地。在这个过程中，它们会遭遇众多猎人的伏击。但是，想要抓住野鸭可不容易，除非是举枪猎杀，因为野鸭的警惕性很高：当它们决定要降落在某地时，会先在天上盘旋好几圈，观望一下情况，在确认没有敌人的情况下才落在水面上，可见普通的陷阱在它们面前根本不起效。

一样，又不一样
——天鹅与鹅

用天鹅和鹅相比，就像是用马和驴相比，人们总对拥有高贵形象的动物更宽容一些——那些生活在我们身边的、低一等的动物似乎并没有得到应有的肯定。但是，如果你愿意细心地

观察，就会发现鹅是家禽中一个相当了不起的成员。它拥有挺拔的身姿、矫健的步伐，喜欢干净，不需要过多的照料，并且还能向人们提供羽毛和食物。

天生丽质的天鹅

天鹅是自然界优雅的化身，它体态修长，面目美丽，与它温和有礼的性格非常相衬。几乎所有人看到天鹅的第一印象都是赏心悦目。天鹅也像是知道自己的美貌一样，总是自视甚高、洁身自好，想要特意以此去博得人类的赞美与歌颂。野生的天鹅并不讨厌人类，甚至乐意与人类亲近，但是这种高傲的鸟儿酷爱自由，喜欢无拘无束的生活，如果它们感到了被奴役、被囚禁，就会毫不留恋地从那里飞走，不再停留。

人工驯养过的天鹅并不会完全失去野性，当它们感觉自己受到了侮辱时，依旧会奋力反击，驱赶敌人。有人说，驯化过的天鹅的叫声会变得很粗浊，而野生天鹅的叫声则充分显示了它自然的特性，就像是一种

婉转悠扬、富有节奏的歌声，既响亮又灵动。当然，比起那些天生就是歌唱家的鸟儿，天鹅单调的叫声还是略逊一筹。

在古代，人们相信天鹅在走到生命尽头时会引吭高歌。他们认为，在所有能感受生命的动物之中，只有天鹅会在弥留之际做如此浪漫的事情——用哀伤、低沉、怀念的鸣叫声去向生命做一个深情的告别。从古至今，来来往往这么多的哲学家、诗人都固执地接受了这个传说，他们根本不愿意去怀疑这个过分美好的故事的真实性。我们也应该感谢编出这个故事的人，让我们多了一个美好的形容词：当伟大的天才陨落时，他们所绽放的最后一次的光芒，就像是“天鹅之歌”！

“能文能武”的鹅

虽然鹅长得有点儿像天鹅，但它却是由雁驯化而来的。从亲缘关系上讲，它与天鹅的确是两个不同的物种。鹅的身体肥胖，但身姿挺拔，走起路来摇摇摆摆，却不影响它端庄的气质。鹅的羽毛和天鹅的很像，都是洁净的纯白色，在阳光下会泛起迷人的光泽。

鹅是人类最重要的家禽之一，它很早以前就以极高的警惕性和超强的攻击力而闻名。它非常合群、非常恋旧，能够像狗一样对人类产生长久的依恋与感激之情。鹅是对人类贡献最大

的家禽之一：除了肉质鲜美，鹅的羽毛可以用来制作御寒的衣服，或者制作用来书写的羽毛笔。并且，我们从不需要花费大量的精力和金钱去照料它们，鹅很乐意与其他家禽分享住所和食物。受过训练的鹅甚至不需要有人照看，就能在放风后自己归巢。你知道吗？鹅甚至还能胜任看家护院的工作，它们会

知识链接

天鹅也能被驯化吗？

答案是，对！而且，有时是鹅自己驯化了自己！这听起来多少有点不可思议，但以往有很多新闻都曾报道过，在迁移途中有些天鹅会因为与队伍走散而误入人类饲养的鹅群，并随着鹅群开始自己崭新的生活，甚至有时等到鹅群主人发现这位特殊的“客人”时，它已经与其他鹅产下了后代，完全成为鹅群的一员！

将自己眼生的人统统赶出去，有时连狗都搏斗不过它们。

当然，鹅也有些不可控的小毛病，比如它们的粪便会伤害草场或耕地，它们进食的时候分不清麦苗和青草，并且吃麦苗或青草的时候会连根一起吃掉。因此，在农作物收获之前，农民都会紧紧地看住鹅群，不让它们靠近耕地。

如果有人要饲养一大群的鹅，我一定建议他去寻找靠近水边和河滩的地方。虽然鹅已经习惯了随遇而安的境况，但强制性的生活方式有害于它们的天性。只需要一片空旷而宽阔的草地或者河滩，就能让它们感到更加舒适，它们可以在这里自由自在地休息、进食，获得更快乐的生活。

报春的使者——夜莺、燕子和雨燕

你还记得那首熟悉的儿歌吗？“小燕子，穿花衣，年年春天来这里……”自古以来，人们对燕子和雨燕就充满了好感，有些地方甚至将燕子在谁家筑巢视作一件会为谁带来好运的事情！而夜莺那婉转的鸣叫声，在春天会给多愁善感的艺术家带来不一样的灵感，它的音域之宽可连人类歌唱家都要甘拜下风呢！

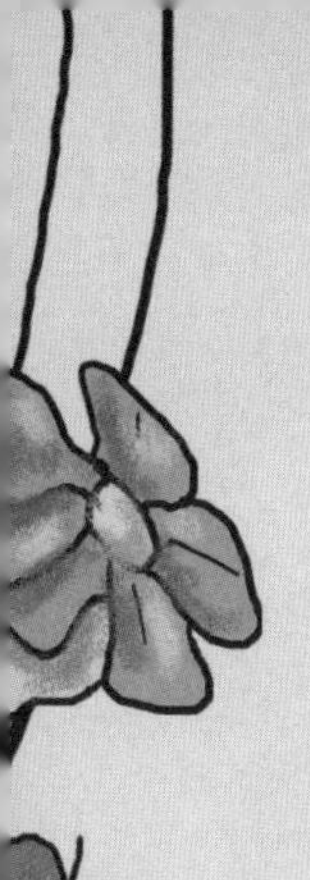

自然的歌唱家——夜莺

夜莺的外表并不十分美丽，但对于任何一个多愁善感的人来说，夜莺这个名字都会激起他对春天的联想：美丽的夜空、清新的空气、生机勃勃的森林。当夜莺放声歌唱时，似乎整个大自然都会为此而感到深深的陶醉。

夜莺是少有的在夜间鸣唱的鸟类。当夜莺沉默的时候，云雀、金丝雀、金翅雀、燕雀、莺雀等鸟儿的歌声也是婉转动听的，柔美的声调以及高超的歌唱技巧能够抚慰听者的心灵。可是，当夜莺开口时，它们的歌声就显得黯然失色了。夜莺唱歌从来不重复，它能唱出各种各样的音调来表达各不相同的情感，擅长把握歌唱的各种特点来美化歌声的效果。这位春天的领唱员会先从细弱的、含糊的音调渐入，就好像要充分调试自己的声音，然后再信心十足地以饱满的歌声展示它变化多端的技巧，在调子中流露真情，一步一步地去唤醒人们内心

深处的忧伤。

听到夜莺歌唱的人甚至有时候会觉得自己听到了一段故事，或许是才子佳人互诉衷肠，或许是情敌相见分外眼红。总之，这样美妙的声音对于耳朵来说真是无比的享受！

喜欢飞行的燕子

燕子喜欢接近人类，它们常常衔来泥土到人类的屋檐下或房梁上筑巢，与人类做邻居。燕子是候鸟，每年都会进行迁徙，但它们格外恋旧，总是会执着地返回原来的巢里居住，即使巢已经损坏，它们也乐意修修补补。

燕子似乎并不害怕枪声，甚至面对人类的攻击时，它们一开始也是不相信的，不会马上下定决心要躲避这场灾难。它们对人类有一种天生的信赖感。只不过，还是有一些残酷的人会将捕猎燕子当作乐趣，他们也许只是为了锻炼自己的打猎技巧或者枪法，就毫不留情地背叛了这些纯洁的鸟儿。燕子作为春天的使者，一直尽职尽责地向人们传达着春天的消息，它们乐意为我们效劳，我们也必须要好好地对待它们。

燕子是一种益鸟，它们帮助人类摆脱了很多害虫的侵袭，比如库蚊、象虫，尽心尽力地为我们减少损失。这种鸟儿靠捕食有翅昆虫为生，它们会掠过草地、河面、马路去寻找猎物。在食物匮乏的时候，蜘蛛也会变成燕子的盘中餐——它们甚至会直接钻进

蛛网中，将蜘蛛及其猎物一起吃掉。

燕子不同于隼或者鹰，因为它的翅膀并不强壮，所以它有时看起来并不灵活——它的飞行方式用敏捷来形容更好一点。燕子似乎懂得享受飞行的乐趣，而不是仅仅把飞行当作捕食的一种能力，它常常在天地间肆意地展翅翱翔，其飞行路线相互交错在一起，展现出了复杂多变的轨迹。

"长翅鸟"——雨燕

虽然雨燕与燕子的长相和习性都十分近似，但二者没有太大的亲缘关系。雨燕是世界上飞翔速度最快的鸟类，但它像是不得不飞行一样，因为人们见到雨燕时它几乎总是在不知疲倦地飞着，从不落地——无论是喝水、洗澡、进食，还是相亲、交配，似乎没有什么事情能够阻止它在天空中继续飞行。

雨燕的翅膀比燕子的要更长一些，飞行用到的肌肉也更发达，酷似两把又细又长的镰刀。雨燕虽然看起来很小，却有着惊人的力量。在飞行中，它会一边张开小嘴儿一边上下左右地不停翻飞，去捕捉那些有翅昆虫填饱自己的肚子，很难有猎物

能逃脱这个速度杀手的追捕。

雨燕羽毛的颜色有点沉闷，并不艳丽，有点像黑褐色。雨燕的弱点就在它的爪子上，由于特殊的身体构造，它无法像普通鸟儿那样能紧紧抓握住树枝，每一次降落和起飞都会给它带来大麻烦。

雨燕和燕子有着一样的喜好，那就是在人类的住所里筑巢。对于它们来说，一个不会轻易被改变的巢穴要比一个舒适的巢穴更加有吸引力。雨燕对住所的要求并不高，它只需要一个高高的墙洞就足矣——雨燕有着很强的警惕心，高高在上的巢穴会让它感到更安全、更舒心。

雨燕很讨厌炎热的气候，简直是无法忍受，相反，对严寒却有着很高的忍耐度。在太阳上山和下山的这一小段时间，成群结队的雨燕会倾巢而出，有时在大型建筑物周围盘旋，有时无意义地在空中画着凌乱的圈，就像是在集体锻炼它们的翅膀一样。

图书在版编目（CIP）数据

自然史. 多彩的动物 / 刘月志编著；高帆绘. 北京：北京理工大学出版社，2024. 11.
（孩子们看得懂的科学经典）.
ISBN 978-7-5763-4286-4

Ⅰ. N091-49；Q95-49

中国国家版本馆CIP数据核字第20246GH374号

责任编辑：李慧智　　文案编辑：李慧智
责任校对：王雅静　　责任印制：施胜娟

出版发行 / 北京理工大学出版社有限责任公司
社　　址 / 北京市丰台区四合庄路6号
邮　　编 / 100070
电　　话 /（010）68944451（大众售后服务热线）
（010）68912824（大众售后服务热线）
网　　址 / http: //www.bitpress.com.cn

版 印 次 / 2024年11月第1版第1次印刷
印　　刷 / 三河市嘉科万达彩色印刷有限公司
开　　本 / 710 mm × 1000 mm　1/16
印　　张 / 8.5
字　　数 / 88千字
定　　价 / 118. 00元（全3册）

孩子们看得懂的科学经典

自然史

2 植物与矿物

刘月志　编著

高　帆　绘

北京理工大学出版社
BEIJING INSTITUTE OF TECHNOLOGY PRESS

《自然史》是法国博物学家布封的传世之作，布封在这本书中引用了大量的事实材料，为读者们描绘出了一个真实而广袤的世界。在那个年代，大多数人还沉迷于虚无的神话故事中，笃信世界是由超自然力量构建的，而世间万物只是神明创造出来的附属品。《自然史》用形象生动的语言刻画出了地球、人类以及其他生物的演变历史，在一定程度上破除了当时社会上盛行的迷信妄说，肯定了人类具有改造自然的能力。

在这套书中，我们将跟随布封一起来观察大地、山脉、河川和海洋，研究地球环境的变迁，感受地球生命的脉动，探索人类的本能和本性。从遥不可及的星团、星云，到微不可见的细菌、真菌，让我们从文字与插图中去感知这个瞬息万变、丰富多彩的世界。

在第一册里，我们会先来一起了解关于动物的各种知识。你知道狗和狼有什么关系吗？人类能驯化所有动物吗？雨燕和燕子、天鹅和大鹅、骆驼和羊驼究竟有什么区别呢？所有这些问题的答案都在这本书中！它将以风趣的语言描述各种动物的外形和习性，让各具特色的动物跃然纸上，令人印象十分深刻。在阅读时，你不妨也发散下思维，仔细观察身边的动物，看看它们身上有什么明显的特征。

在第二册里，我们的目光将放在各种各样的植物与矿物身上。在这本书中，我们会了解五花八门的植物，以及形态各异的矿物，学习很多关于它们的有趣知识，比如它们有什么具体的用途，产自怎样的自然环境，人类又是怎样发现它们的，等等。美丽的地球不再是造物主的恩赐，而是大自然与人类共同的杰作。地球上万物的起源与演化皆有迹可循，只是这个过程缓慢且冗长。

到了第三册，我们要探讨的内容会变得更加深刻，因为在这一本书中，主角成了你与我——万物之灵长——人类。我们将一起来探讨关于人类的各种话题：人类的成长可以分成几个阶段？人类为什么会做梦？你梦见过什么奇奇怪怪的事情？人类社会与动物社会有什么区别？在几百年前，生活在欧洲大陆的人们相信人类的祖先名为亚当、夏娃，因为他们偷吃了禁果，才有了智慧与羞耻心，但布封却大胆地质疑这个故事的合理性，阐明人类的进化并不是像宗教所说的那样，而是得益于一次又一次的劳动与实践。

在悠长的人类文明长河中，无数像布封一样的博物学家为这个世界带来了点点烛火,用看似“荒唐”“大逆不道”“特立独行”的思想，哺育了无数被旧思想扼住咽喉的人们，鼓励他们从愚昧无知的黑夜中走出来，走向更光明的未来。

翻开这套书，让我们一同感受每一个生命的尊严与灵性，无论它是否已经消逝，只留下存在过的些微痕迹；让我们一同歌颂大自然的一草一木，以及每一片旖旎的景色，无论它正经历春夏秋冬的哪一季。大自然是如此奇妙而富有想象力，真令人百看不厌，盈尺之内都是看不尽的大好风光！

目录

翻开这一页，
随布封一起
探索大自然的
奥秘吧！

藏在植物里的小世界

植物在大自然中太不起眼了！怎么说呢，它们似乎是吃了不会动弹的亏，让许多人在日常生活中不自觉地就无视了它们的存在。但你知道吗，即使是在那些被称为“生命禁区”的地方，也有植物顽强地生存了下来。植物可拥有着许多连人类都望尘莫及的“绝技”！随处可见的植物，要远比你想象的更加复杂。

人类、动物与植物

大自然赋予了人类复杂的情感，却也让人类变得如此孤单。人类总是试图从大自然的万千生灵身上寻找可以共情的地方，去回应自己内心长久的期待——我们并不是被自然界孤立的存在。然而，事实上，就算人类屈尊降贵，把自己归为普通的动物一流，也无法找到自己与植物之间太多的相同点，反而区别倒是多如天上的繁星。

从广义上来讲，植物指的是所有非动物的生命，它们无法像动物一样走动，绝大多数需要依靠叶绿素这种东西来制造自身所需的养分。然而，以上这些只是通俗的看法，也就是说，从严格的科学理论出发，这并不完全正确——最低等的动物和最简单的植物之间的分界线往往是非常模糊的。你也可以这么理解，世界上还存在一些奇怪的生物，它们既像植物，也像动物。

植物的细胞壁与细胞核

你知道吗？细胞是组成世间生物的最基本的成分，是世界

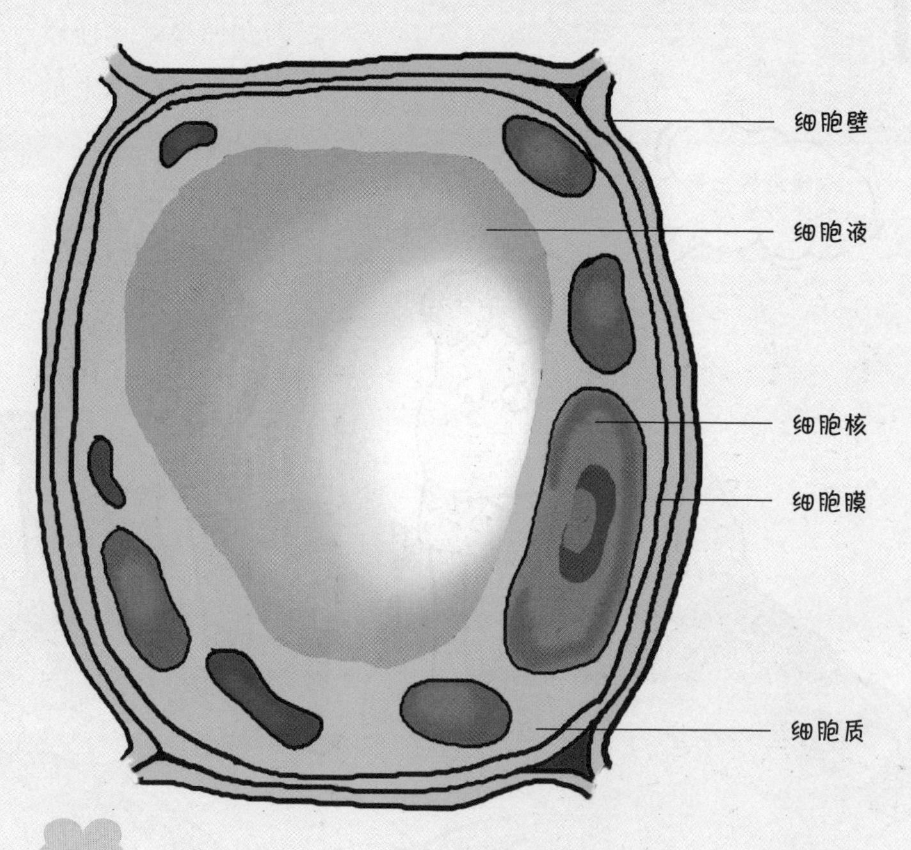

上最小的生命单位。与动物一样，植物也是由若干细胞构成的。不过，虽然构成植物的物质是一样的，但是不同的植物之间有着很大的区别，比如有的植物只有一个细胞，而有的植物的细胞构造却复杂得一时半会儿说不清。

有句俗语说“麻雀虽小，五脏俱全”——这用来形容植物的细胞正好。植物的细胞由细胞核、细胞质、细胞壁、线粒体、叶绿体和液泡等几个部分构成。在用肉眼无法看到的小小细胞中，细胞壁是其最特殊的存在——它是动物细胞所不具备的，这层包裹在细胞外面的厚壁主要由多糖类物质构成。值得注意的是，不同植物、不同器官、不同功能、不同发育时期的细胞壁多多少少都会有些不一样的地方，所以我们绝不能将它们混为一谈。

细胞核是细胞内最大、最重要的细胞器。实际上，我们在形容某种东西时会尽量避免使用“最”，但细胞核真的配得上这个字：它由核膜、染色质、核仁和核液几部分组成，占据了细胞内的大部分空间；它是细胞的“控制中心”，在细胞新陈代谢、生长分化的过程中扮演了重要角色，并且承担着保护细胞里的遗传物质的重任。

植物的线粒体和叶绿体

植物的线粒体和叶绿体之所以要拿出来单讲，是因为它们养活了植物的生命。线粒体是一种细胞器，植物的呼吸作用就

是在这里发生的（这在后文会讲到）。你可以把线粒体想象成一个加油站或者补给中心，通过呼吸作用，植物可以将体内的糖转化为二氧化碳和水，并且释放出一种高能物质，为自己的生长提供能量。

植物的叶绿体是其进行光合作用的重要器官。光合作用在后文有详细的讲解，这里就不多言了。太阳对地球上的生命的重要性不言而喻，植物自然也离不开太阳的照射。植物可以利用太阳光来同化水和二氧化碳，合成储藏能量的有机物——这个过程是它们得以生存的关键。并且，因为叶绿体中含有大量绿色的叶绿素，所以一般的植物都会呈现出绿色的外观。

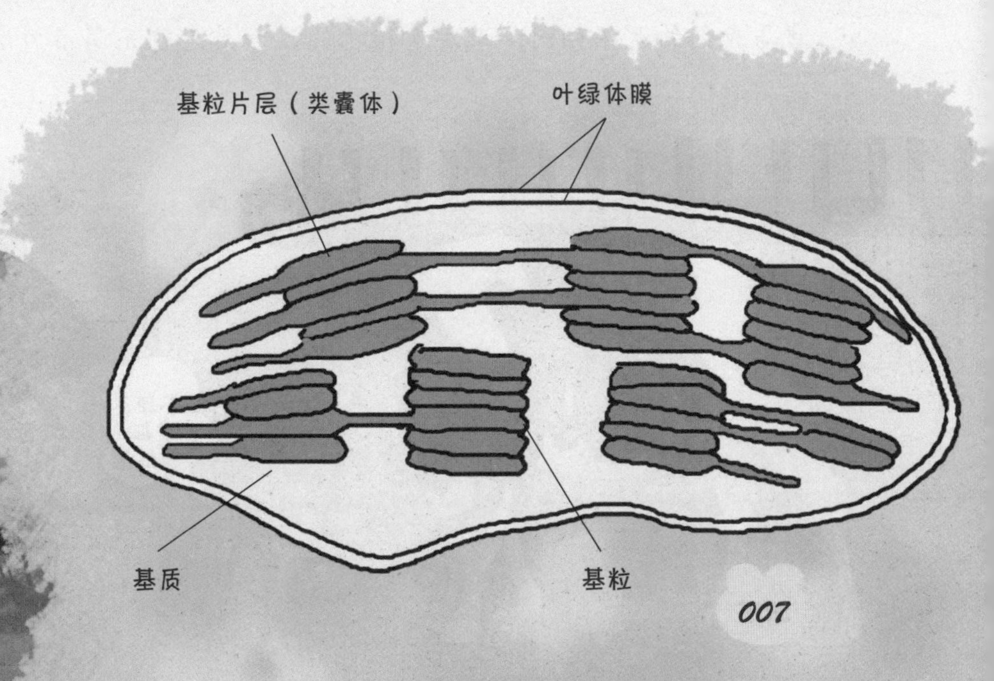

植物也是有器官的

生命既简单又复杂，既稀松平常又像是个奇迹。当然，植物也不例外，从表面上看，它们不说话、不思考、不运动；但从里面看，却又是翻天覆地的另一番光景——它们每时每刻都在为活着而拼尽全力。植物和人类一样都有器官，但它们的器官与我们的大不相同，来看看植物的器官是怎样充满活力地运转的吧！

植物细胞的分化

除去在前文中说的那些，细胞也是组成有机体的形态和功能的基本单位。简单来说，就是一些细胞可以组成一定的组织，一定的组织又能进一步组成功能各异的器官。达尔文的“物竞天择，适者生存”也可以用来解释植物细胞的分化——细胞分化成组织，是因为植物要适应不同的生理功能，应对不同的生存环境。一种植物的构造越复杂，说明它的细胞分化程度越高，适应环境的能力越强。比如我们在后文要用很大篇幅来讲解的被子植物，就是凭借细胞分化得到了非常完善的组织结构，因此无论是在数量上，还是在分布上，它都有实力去睥睨其他植物。

但是，什么是组织呢？细胞在分化后，会形成许许多多的细胞群，它们中那些形态相似、结构和功能相同的细会产生一些特殊物质的细胞构成分泌组织。

胞群就组成了组织。依照各种组织在结构和功能上的不同，人们把它们分成了分生组织、基本组织、保护组织、输导组织、机械组织和分泌组织共六种（后五种又被统称为成熟组织）。这些组织在植物身体里各司其职，各尽其责，彼此配合，相互依存，发挥着不同的作用和功能，为植物的生长努力贡献出了自己的一份力量。

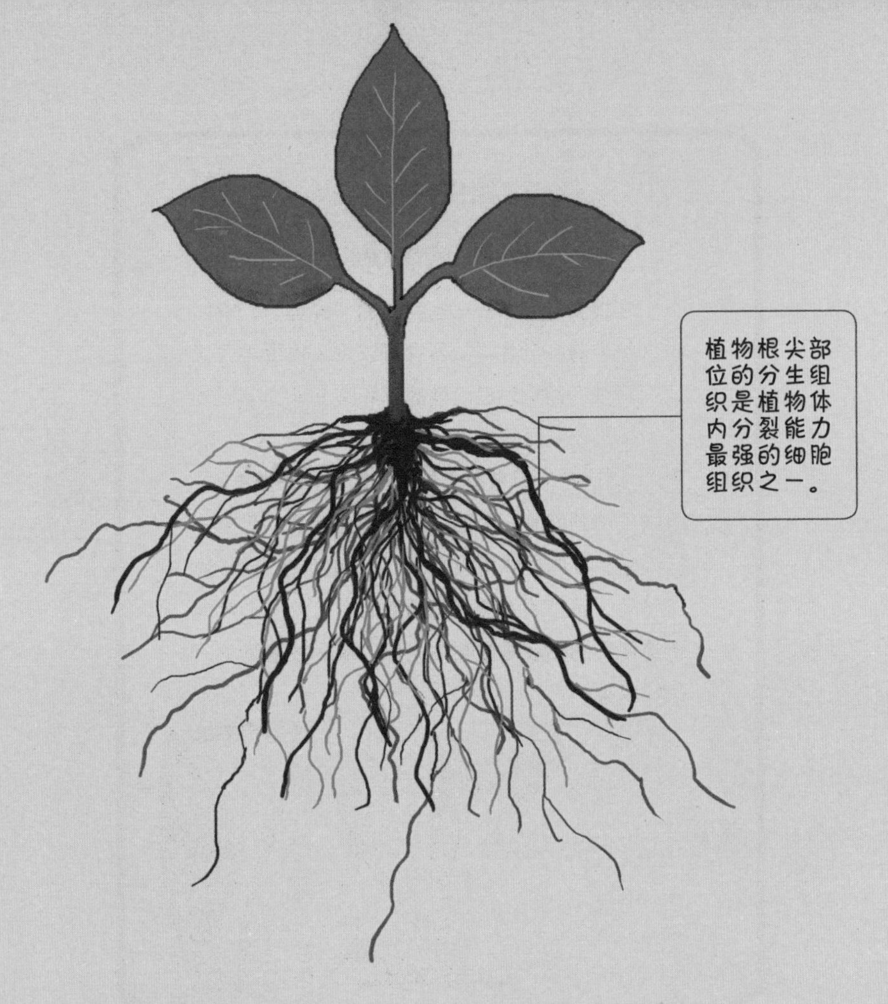

植物的器官

植物的器官在生物体中具有不同的功能，承担着不同的责任，在生物的结构层次中，它们要比组织高上一级。当一些器官有序地连接在一起时，它们就能帮助植物共同完成一项或几项重要的生理活动。为了延续植物的生命，各个器官之间的联系可是非常紧密的，即使其中一些器官小到你根本不会注意到它们的存在。

但是，相比植物的器官，动物的器官要更复杂、更多样。还记得之前我们说到过一种植物的构造越复杂，说明它的细胞

知识链接

喜欢吃肉的植物

在植物界中，有一些神秘的“异类”，它们生来就带着各色各样的器官可以用来捕食昆虫，比如很多人都听说过的捕蝇草和猪笼草。捕蝇草喜欢生长在潮湿的地方，它们长着一张大大的“嘴巴”，这是它们用来捕食昆虫的武器——捕虫夹；而猪笼草则挺着一个酷似猪笼的大肚子，昆虫一旦被它释放的香味所吸引，就可能会落在它的“猪笼”上面，然后沿着那光溜溜的内壁，一直滑落到最底下的黏液里被黏住淹死，最后被猪笼草消化吸收掉。

分化程度越高吗？这种理论也可以套用在广义的生物上：植物与动物在器官数量和质量上的差距，也是我们认为它不属于高级生命体的原因之一。要知道在所有植物中，被子植物的器官算是最复杂多样的了，但也只分为根、茎、叶、花、果实和种子这六种器官。并且，其他植物连这六种器官都不一定能有，比如裸子植物就只有根、茎、叶和种子；苔藓植物只有茎和叶；甚至还有一些植物连细胞的分化都没完成，何论形成组织和器官，它们仅仅只是一个细胞而已（我们称其为单细胞植物）。

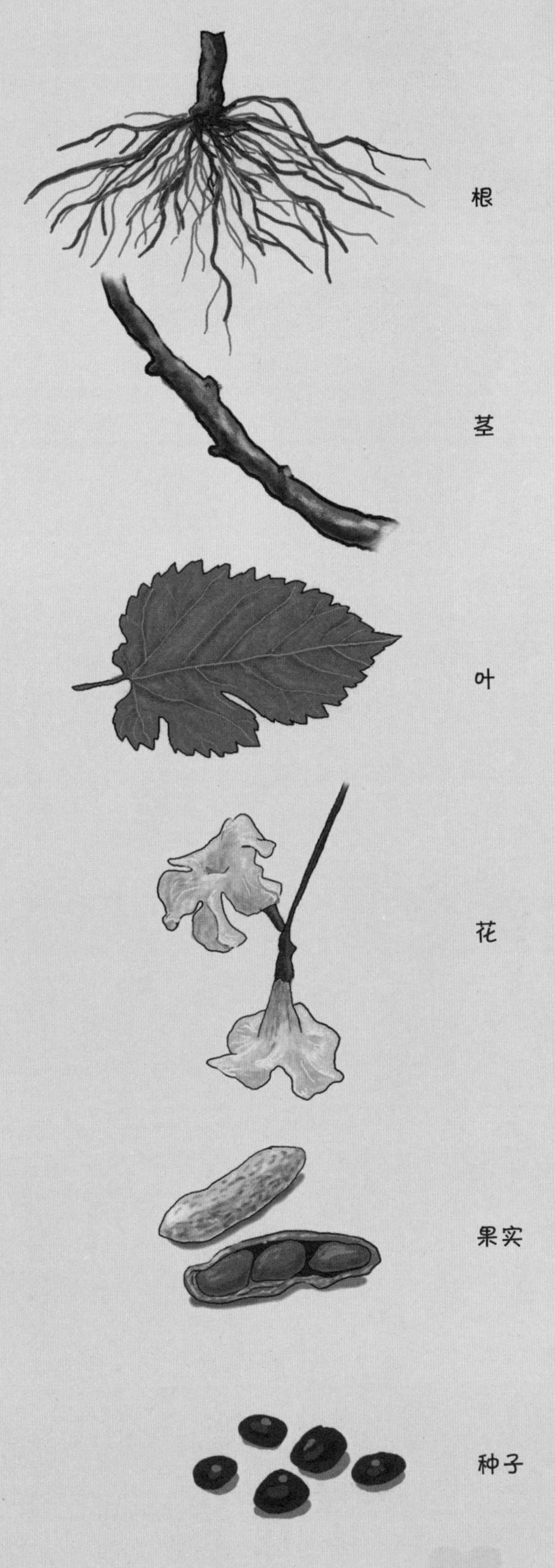

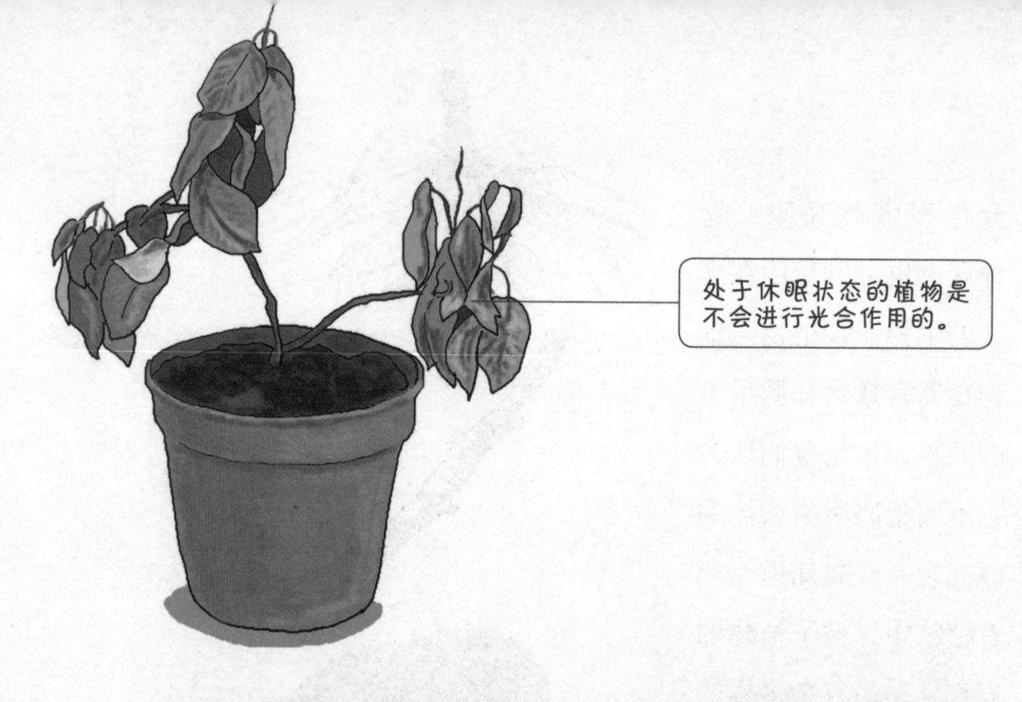

光合作用与蒸腾作用

除了那些寥寥可数的异类，绝大多数植物都不会移动，不会捕食，它们在哪里生根就会在哪里生长，在哪里死亡。为了在苛刻的条件下生存，经过千万年的演化，植物拥有了很多可以用来养活自己的奇特能力，同时也为地球的生态平衡贡献了重要力量。现在，我们就来一起见识下它们那些不可思议的本领吧！

植物的营养师：光合作用

光合作用是植物最明显的特征。植物不像动物那样有可以分解食物的消化系统，它们只能通过光合作用来制造自身所需的各种养分——这个神秘的过程与叶绿体有着千丝万缕的密切关系。光合作用是指绿色植物利用叶绿体将太阳能转化为化学能，使二氧化碳和水变成储存能量的有机体，并释放出氧气的过程。我们现在呼吸的氧气有很大一部分是植物

在进行光合作用时产生的，我们每天吃到肚子里面的食物也有相当一部分是通过光合作用制造出来的——光合作用不仅对植物来说很重要，对于人类也一样。

在过去很长一段时间里，人们相信自己从植物中所摄取的营养都是植物从土壤中获得的。直到 1773 年，一位名叫普利斯特利的英国科学家做了一个著名的实验：他先将一只小白鼠和一支点燃的蜡烛分别放到密闭的玻璃罩中，结果小白鼠死亡，蜡烛也熄灭了；然后，他又将一盆植物和一只小白鼠，以及另一盆植物和一支点燃的蜡烛分别放到密闭的玻璃罩中，结果小

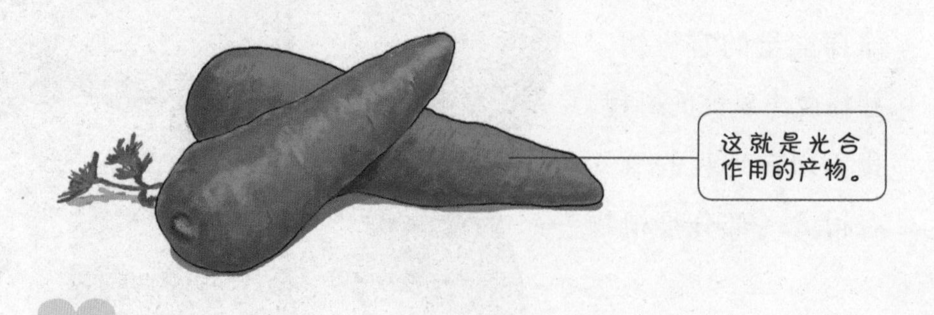

白鼠安然无恙，蜡烛也没有熄灭。于是，普利斯特利就此提出植物可以净化空气的想法。这个实验改变了人们对植物的固有印象，也推进了人们对植物的深入研究。自此之后，人们对植物的了解与认识变得越来越深刻。

水分的搬运工：蒸腾作用

除了上文提到的光合作用，植物还具有蒸腾作用。同样的，蒸腾作用不仅对植物本身来说很重要，对维持地球的生态环境也起到了不可替代的作用。蒸腾作用是指水分从活的植物体表面以水蒸气状态散失到大气中的过程。乍一看，你是不是觉得它和物理学上的蒸发作用很像？但是，你可要记住咯，它们两个还真不一样！蒸腾作用在受到外界环境的影响时，还要受到植物本身的调节和控制——它是一种非常复杂的生理过程。发不发生蒸腾作用，与植物的大小和发育阶段都没有关系，

即使是又矮又小又简单的苔藓植物也能进行蒸腾作用。

叶片是植物进行蒸腾作用的重要器官。叶片的蒸腾作用一般可以分成两种：一是通过叶片的角质层进行蒸腾作用，叫作角质蒸腾；二是通过叶片上的气孔进行蒸腾作用，叫作气孔蒸腾。第二种气孔蒸腾是植物进行蒸腾作用的最主要的方式。

蒸腾作用可以促使植物向上运输水分，帮助植物

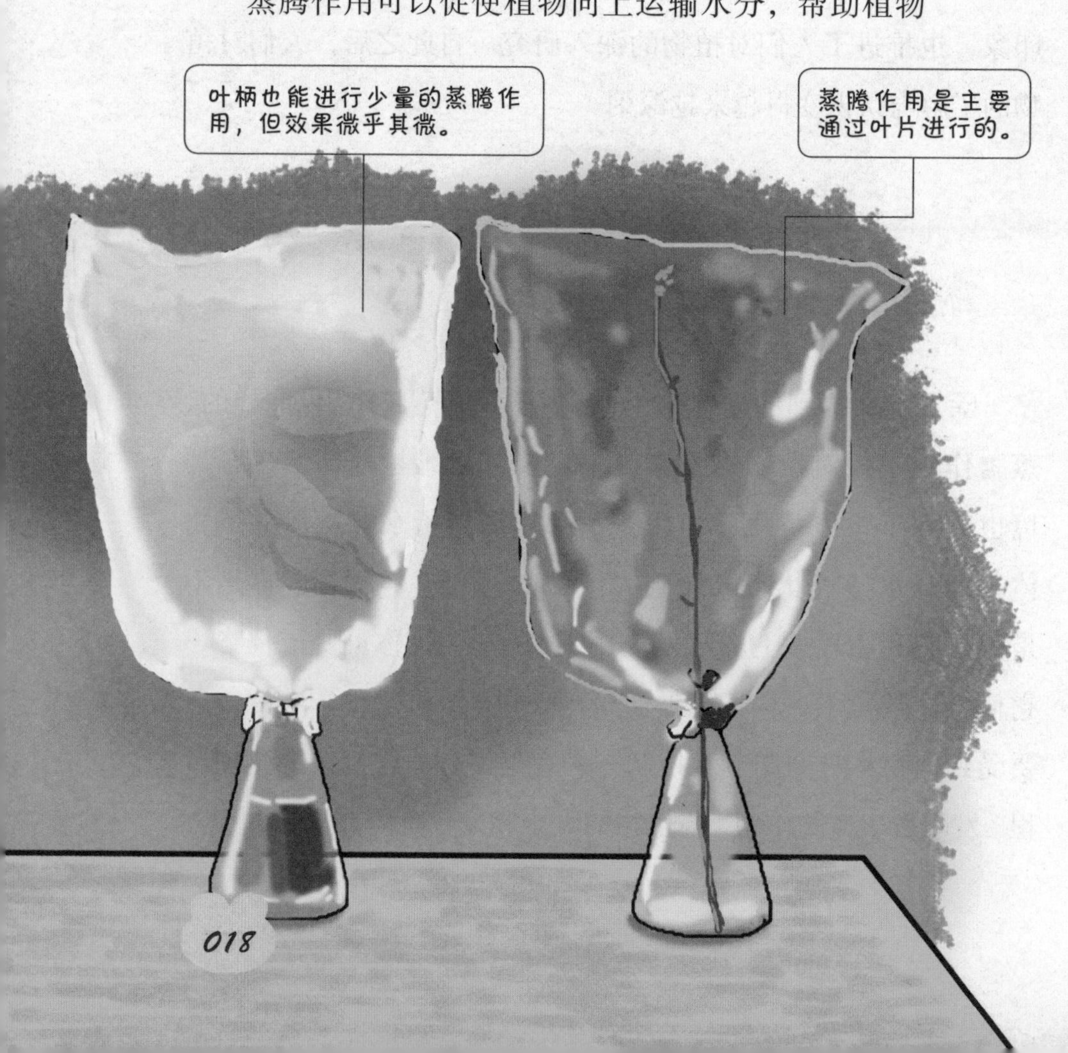

高处的枝叶生长，还能增加叶片周围小环境的湿度，降低植物整体和叶面的温度，有效减少强光对叶片的伤害。看到这里，相信你也许会和我一样恍然大悟：这就是在降雨充足、环境潮湿的热带雨林中，绿色植物总是能生长得更加茂盛的重要原因。

植物的呼吸作用

除了前文提到的光合作用与蒸腾作用，植物还具有呼吸作用。呼吸作用是植物生长过程中非常重要的一步，你可以把它

简单地看作植物新陈代谢的过程。植物的呼吸作用分成有氧呼吸和无氧呼吸。植物在进行呼吸作用时，一方面，它本身的细胞会吸收氧气，然后在一系列酶的作用下逐步将有机物转化成二氧化碳和水，为自己提供赖以生存的能量；另一方面，它在这个过程中可能会产生一些物质——这些物质是它合成体内重要化合物的原料。呼吸作用和光合作用、蒸腾作用一样，都对植物的生长具有非凡的意义。

不起眼的苔藓植物

你一定见过苔藓这种绿油油的、不起眼的植物，比如在石头上、台阶上、墙角处，似乎世界上只要还有阴暗潮湿的地方，它们就不缺容身之处。苔藓植物是最低等的植物，它们不会开花，也不结种子。它们被称为大自然中的“吸湿器”——你可别小看这矮矮的一坨，它们吸收水分的能力简直要吓死人的！

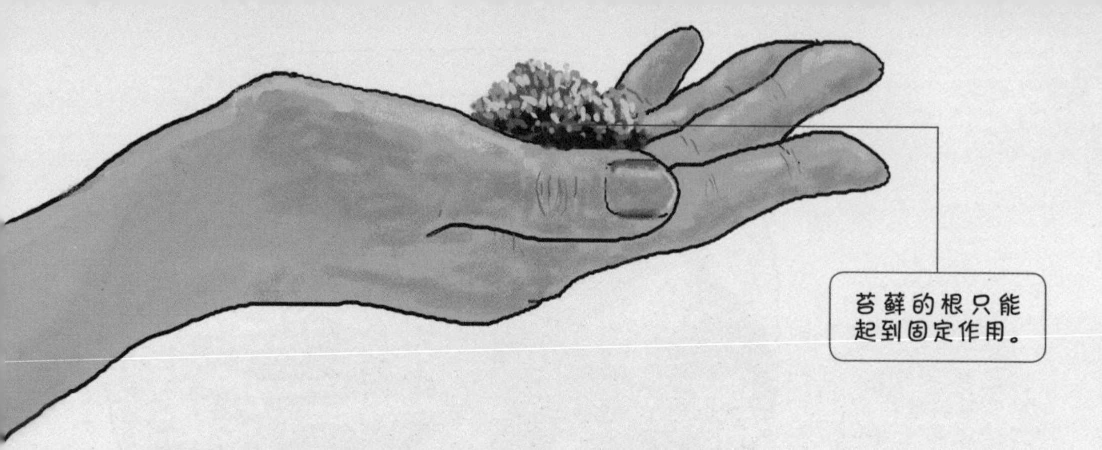

先来了解一下苔藓植物

苔藓植物没有真正的根，只有假根。也许你会犯糊涂了，真根、假根都是根，二者有什么区别呢？假根和真根一样都是生于植物下面或基部的根样结构，但假根基本上只起到固定植物的作用，它几乎不能为植物提供任何养分。

苔藓植物在世界范围内分布得非常广泛，从热带到寒带都能见到它们小小的身影。苔藓植物也是多种多样的，世界上现存的大约有 23000 种，其中分布在中国的约有 2800 种。我们通常会把苔藓植物分为两大类：一是苔类，它们还保持着叶状体的形状；二是藓类，它们有了类似茎、叶的分化。当然这种分类不是绝对的，还有一些人喜欢将苔藓植物分成三纲：苔纲、角苔纲和藓纲。但是，从植物分化的角度上讲，苔比藓要更加原始，更加简单。

苔藓植物的重要性

尽管苔藓植物在五花八门的植物界中显得朴素得要命，但是它有着极其重要的作用。首先，虽然单独的苔藓植物看起来微不足道，但是当它们聚集在一起时却能发挥出强大的吸水作用，可以有效避免水土流失；其次，因为苔藓植物非常容易吸入空气中的污染物，对周围的环境污染比较敏感，所以它只喜欢生长在没有空气污染的地方——它也是人们衡量环境好坏的标识物；再者，苔藓植物晒干后可以制作成肥料或者燃料，比如泥炭藓；最后，对于一些食草的哺乳动物，低矮的苔藓植物很容易获得，可以成为它们美味的食物……

你知道吗？在中医里，有些苔藓植物甚至还是天然的药材。中医会将它们制成草药，用来清热消肿，为病人治疗皮肤病。当然，苔藓植物的用处肯定不止我们说的这些，它们的用处可是几天几夜都说不完的！

你见过苔藓植物吗？

苔藓植物在中国几乎随处可见，只要你细心一点，就能在很多地方发现它们的身影。

地钱，别名龙眼草、地梭罗、八骨龙等，属于苔类，体积很小，颜色一般是淡绿色或者深绿色，看起来非常扁平。地钱喜欢生长在阴湿的土坡草丛旁、小溪

中国是世界上苔藓植物种类最为丰富的国家之一。

边的石头上，或者水稻田的田埂附近。中医认为用地钱入药可以消热解毒，为患者治疗烫伤、骨折等疾病。

葫芦藓按理说也很常见，但是它对大气中的污染物十分敏感，很难在污染严重的地方生存下来，因此现在想要在城市中见到它还是需要一点儿运气的。葫芦藓喜欢生长在阴暗潮湿的庭院角落里或者田园小路旁，每株 1 ~ 3 厘米高，它们会呈现出鲜绿色的外观，乍一眼看上去很像缩小版的豆芽。

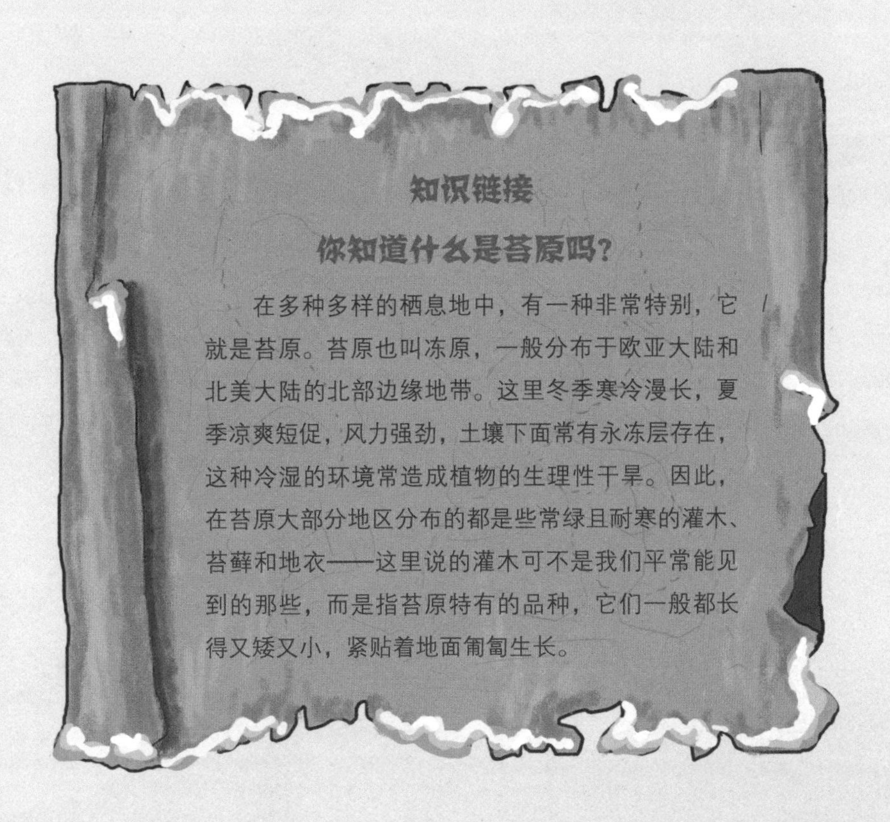

知识链接

你知道什么是苔原吗？

在多种多样的栖息地中，有一种非常特别，它就是苔原。苔原也叫冻原，一般分布于欧亚大陆和北美大陆的北部边缘地带。这里冬季寒冷漫长，夏季凉爽短促，风力强劲，土壤下面常有永冻层存在，这种冷湿的环境常造成植物的生理性干旱。因此，在苔原大部分地区分布的都是些常绿且耐寒的灌木、苔藓和地衣——这里说的灌木可不是我们平常能见到的那些，而是指苔原特有的品种，它们一般都长得又矮又小，紧贴着地面匍匐生长。

形态各异的真菌类植物

蘑菇现在已经成为我们餐桌上的“常客”，但你知道吗，其实木耳、银耳、灵芝、冬虫夏草都是它的亲戚，它们同属于一个家族——真菌类植物。真菌类植物与我们常见的植物有很多不一样的地方，但最明显的就是它们无法进行光合作用。因此，近些年来，很多科学家都主张将它们从植物界“赶”出去。

活跃在地球上的真菌

真菌是生物界中很大的一个类群，你在生活中就能见到很多真菌，不仅有金针菇、杏鲍菇、口蘑、香菇、草菇、羊肚菌、鸡枞菌、木耳、银耳、灵芝、冬虫夏草、竹荪等许许多多的食物，还有食物变质后产生的青灰色的霉菌，以及做馒头、包子、面包需要用到的酵母菌。真核生物泛指所有单细胞或多细胞的、其细胞具有细胞核的生物，而真菌就是陆生的真核生物中的一种。

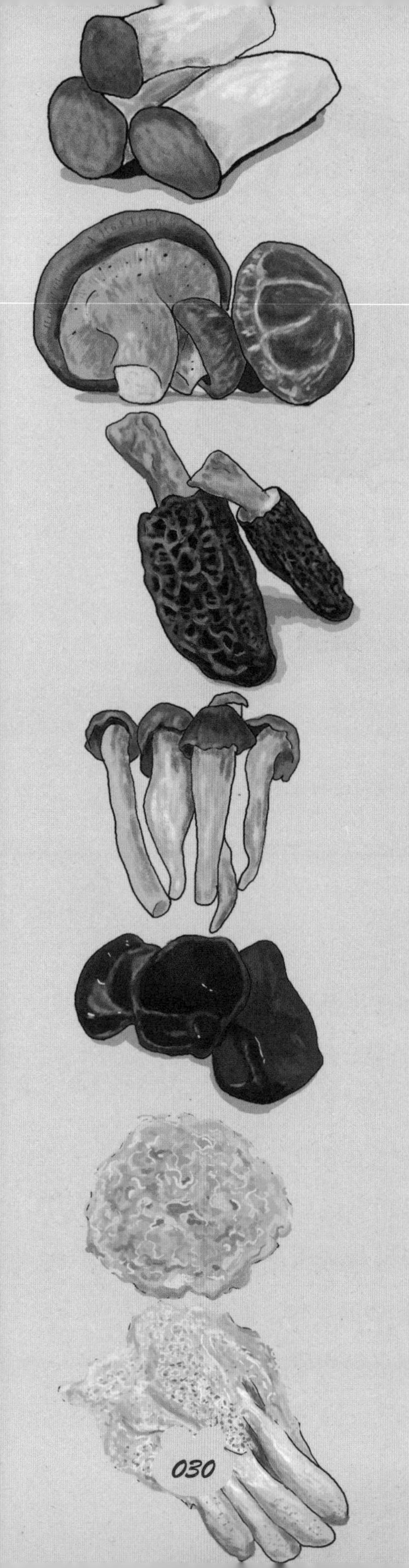

另外，虽然听起来有点不可思议，但人类也的确属于真核生物——从某种角度来说，我们和真菌还真有点亲缘关系。

大多数真菌都是腐生生物，在大自然中承担着分解动植物尸体的重要任务，它们会帮助这些残骸重新进入生态循环之中，直接或间接地影响着整个生物圈的物质循环和能量转换。真菌的细胞不含叶绿体，它无法自己制造养分，这个分解过程对它自己而言也同样重要。

要说真菌的种类，那可就多了！除了我们之前提到的那些，在它们整个庞大的家族中有着超过十万个的成员，简直是讲上几天几夜都讲不完！真菌类植物一般指的是大型真菌，这些真菌可以形成肉质或者角质的子实体或菌核，它们是人类饭桌上重要的佳肴，也是食品和制药业需要用到的宝贵的自然资源。

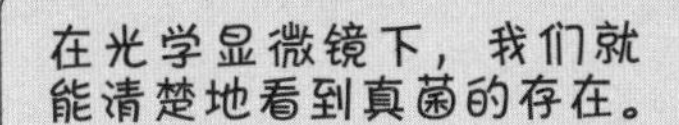

真菌是怎样繁殖的?

当真菌转入繁殖阶段时，会形成各种繁殖体（也叫作子实体）。真菌的繁殖体分为有性生殖产生的有性孢子，以及无性繁殖产生的无性孢子。虽然说大部分真菌都能进行无性与有性繁殖，但真菌这个物种整体还是以无性繁殖为主。

无性繁殖是指不经过两性生殖细

胞结合，直接由母体发育成新个体的生殖方式。也就是说，通过无性繁殖的新真菌类植物的基因与母体的完全相同，它就像是母体的“克隆体”。无性繁殖虽然听上去很神奇，但它不仅在真菌界很常见，在植物界也是相当普遍的存在。

知识链接

灵芝真的能包治百病吗？

在众多电视剧、电影和民间传说中，灵芝一直以“活死人，肉白骨”的仙草形象出现，很多人受其影响，对灵芝的神奇效用产生了深深的向往。但令人遗憾的是，事实并非如此，灵芝仅仅只是价格昂贵的一味中药罢了，也就是说它虽然有着止咳平喘、保肝解毒、抗衰老、调整免疫功能等诸多作用不假，但其作用也就仅限于此了——说穿了，灵芝是被古人过度神化了！灵芝虽能治病，却不能治百病，何论令人起死回生呢？

有性繁殖是指经过两性生殖细胞结合后发育成新个体的生殖方式——一些真菌类植物生长到一定阶段，就会产生有性孢子，有性孢子将会发育成新的真菌类植物。有性孢子分为四种：卵孢子、接合孢子、子囊孢子和担孢子。相对而言，有性繁殖产生的后代要比无性繁殖产生的后代更具有活力，且具有更大的基因变异的可能性。

超级有趣的
裸子植物

这一章我们来详细说一说裸子植物，正如字面上的意思，它们最令人瞩目的地方就是其裸露在外的种子。裸子植物有着一段漫长的演化历史，它名下包含的植物林林总总、形态各异，并且在世界各地都有分布。大多数裸子植物都长得高高大大的，只有一小部分比较矮小，有时人们还会将它制成好看的盆景用来装饰房间。

关于裸子植物的那些事

从植物分化的角度讲，裸子植物要比种子植物低一级。裸子植物的种子由胚珠发育而成，但胚珠外面没有果皮包裹着。裸子植物存在的时间非常久远，其最早可以追溯到古生代。古生代是地球的一个地质时代，包括寒武纪、奥陶纪、志留纪、泥盆纪、

石炭纪、二叠纪。你可以想象一下，在恐龙活跃的时候就有很多裸子植物在蓬勃地生长了！只可惜在后来地球迎来了剧烈的环境大变迁，气温骤降，大部分地区都被冰雪所覆盖，一大批裸子植物因此走向了灭绝。如今，现存于世的裸子植物只剩下了 800 多种，并且其中有 140 多种为中国所特有，中国也成为世界上裸子植物种类和资源最丰富的国家。

裸子植物是组成森林的重要部分。在北半球的寒温带和亚热带分布着不胜枚举的裸子植物。这几个地方冬天寒冷干燥，夏

天炎热多雨，四季分明，降水丰沛，很适宜裸子植物生长。裸子植物在我们的生活和生产中扮演了重要的角色。你知道吗？在全世界使用的木材中竟然有 50% 以上都来自它们！同时，它们还是能制造出纤维、树脂等产品的树种。裸子植物的经济价值可是相当可观的。

裸子植物有哪些？

银杏树是最古老的裸子植物，有着植物界中的“活化石”

之称，它还保留着一些原始性状，属于世界上十分珍贵的树种之一。银杏树又称白果树、公孙树、鸭脚树，与雪松、南洋杉、金钱松并称为世界四大园林树木。历史悠久的银杏树属于高大落叶乔木，它的叶子像鸭掌一般呈扇子状，它的树干挺拔修长，株形十分优美。银杏树的生命力极其旺盛，只要环境条件适宜，有一些甚至能活上数千年而不死不朽。

苏铁是另外一种代表性的裸子植物，它曾与恐龙一起活跃在三叠纪和侏罗纪，直到白垩纪才走向衰落。苏铁喜欢阳光，喜欢温暖的气候，是生活在热带及亚热带南部的常绿乔木。它不耐寒，生长速度特别缓慢。它的叶子很大，呈羽毛状，生长在躯干的顶端，成熟时整片可以达到二三米那么长。全世界目前存有 240

知识链接

世界上最孤独的树——银杏树

有人说，中国是银杏树唯一的故乡。这并非我们的一厢情愿，而是银杏树真的就差那么一点点就要从地球上消失了。银杏树是中国特有种的同时，也是中国特有门。这么说，你可能还感受不到它身上的这种孤独感，我们来换种更直白的说法：银杏树所有的亲属都在地球上的无数场浩劫中彻底灭绝了，死得干干净净，它现在已经没有任何现存于世的亲属物种了。无论是从哪一种现存植物的身上，银杏树都找不到一丝与它相似的地方，它就是大自然中最名副其实的孤儿。

多种苏铁，其中有大约 8 种为中国所特有。中医认为某些种类的苏铁是可以入药的，它们具有活血化瘀、消炎止血、止咳镇痛、滋养强壮等诸多效用。

根与茎的那些秘密

终于轮到被子植物出场了，它可是植物发展进化的最高阶段。被子植物具有超级强悍的环境适应能力——光是人类已知的被子植物就有20多万种，可谓牢牢占据了植物界的半壁江山。被子植物为什么能适应这么残酷的自然选择？它的器

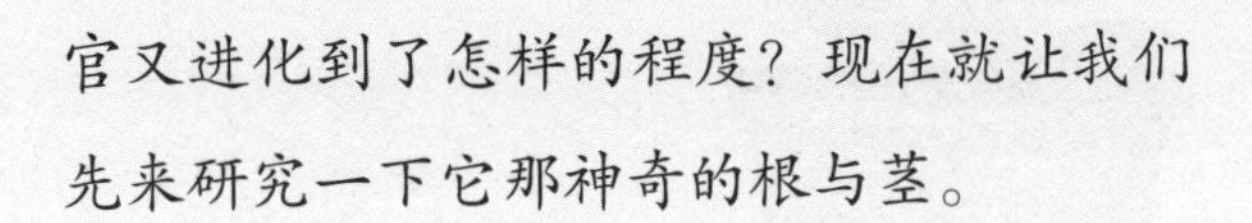
官又进化到了怎样的程度？现在就让我们先来研究一下它那神奇的根与茎。

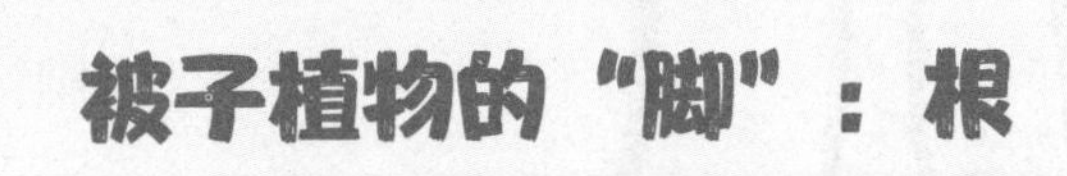
被子植物的“脚”：根

被子植物的器官在植物界是进化得最完善的，这给它们带来了不小的好处。植物的根可以起到三个作用：固定并支撑植物；从土壤中吸收植物所需要的养分；改

善土壤的结构，使土壤更适合植物生长。根对于被子植物来说尤其重要。一般来说，被子植物的根系都很发达，它们虽然深埋在地下，常年见不到阳光，总是默默无闻地工作着，却尽心尽力地帮助被子植物可以正常地抽枝长叶、开花结果，让被子植物就像长了好多只脚一样，即使在狂风骤雨中也能稳稳地抓住土地，不会被轻易吹倒。

植物的根可以细分成根尖结构、初生结构和次生结构三部分，其中长在根顶端部分的就是根尖。根尖又可以被分为根冠、分生区、伸长区和根毛区。在通常情况下，植物的根尖上会生长着很多极其细小的根毛，虽然它们会很容易被人们忽略掉，但可以像“抽水机”一样从土壤中汲取大量的水分和营养。

事实上，植物界中的根并不都像被子植物的一样，具备全面的能力，它们有些是专门用来呼吸的，有些是专门用来支撑躯干的，还有些是专门用来储存营养或者从别的植物身上获取营养的，等等。它们也有着自己特殊的名字，比如呼吸根、支柱根、储藏根、寄生根……一般来说，

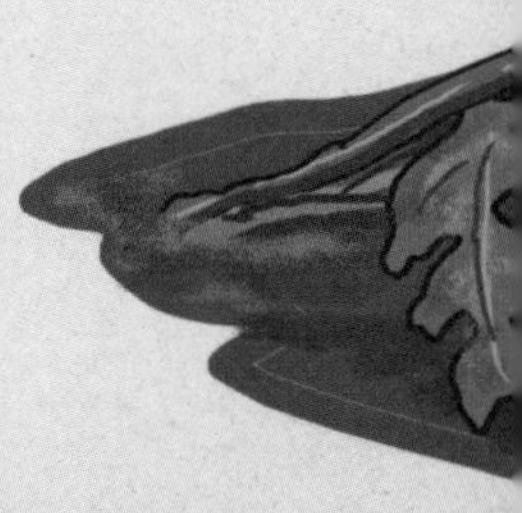

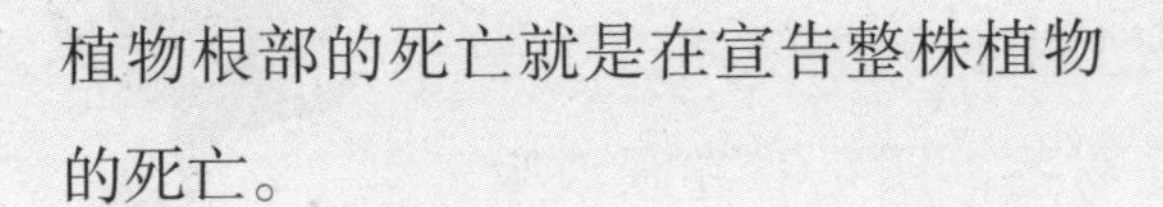

植物根部的死亡就是在宣告整株植物的死亡。

被子植物的“脊椎”：茎

植物的茎是整株植物中最显眼的部分，它就像是人类的脊椎一样，支撑起了植物的躯干和枝叶，将植物的各部分串联成了一个能够相互依靠的整体。被子植物的茎承担着向植物各部分输送来自根的养分的紧要任务，且它本身也储存着大量的水分和营养物质。就像是人的脊椎受伤会导致瘫痪一样，一旦植物的茎发生了严重的损伤，也有可能导致植物迅速死亡。

植物的茎一般分成四种类型：一是直立向上生长的直立

茎，二是缠绕在支撑物上生长的缠绕茎，三是匍匐在地面上生长的匍匐茎，四是靠卷须或吸盘附着在支撑物上生长的攀缘茎。绝大多数的被子植物的茎都属于直立茎。按照茎的形态，也有人将茎简单地分成两类：一是草本类，它们比较短小、脆弱，有较高含量的水分；一是

知识链接

神奇的无土栽培

相信你一定听说过无土栽培，这已经不是什么新兴技术了，不论是在寒冷的北极科考站里，还是在神秘的国际太空站的研究室里，都有它的身影出现过。无土栽培，一般是指以水、草炭、森林腐叶土和蛭石等介质作基质来固定植株根系，使植株根系能直接接触营养液的栽培方法。在那些缺少适宜土壤，却可以提供足够光照和温度的地方，无土栽培是最好的选择。

有些看似柔弱的植物一年就可以生长几米甚至十几米，它的叶子可以严严实实地覆盖整个树冠，最终将树木彻底“杀”死。

木本类，它们质地比较坚硬，且灌木和乔木有很大区别。植物的茎还可以被划分为芽、节和节间三部分。

当然，我们上述说的这些，并不能完全概括自然界中存在的所有类型的茎，也有一些特殊的植物为了更加适应生存环境，而演化出了形形色色的变态茎，比如马铃薯、睡莲、仙人掌、百合等。

一片叶，一朵花

叶子与花朵是被子植物不可或缺的重要部分——叶子是它进行光合作用的场所，花朵是它延续自己种族的工具，这两者代表了它最重要的两种需求：存活和繁殖。即使属于同一个家族，每种被子植物也并不全然相同；即使属于同一种器官，不同植物的叶子和花朵也是各有各的特点。这一章，我们就来细说那些关于叶与花的秘密。

大同小异的叶子

对于被子植物来说，叶子的存在是它们生存的基础，因为

叶子是它们进行光合作用的重要场所。在前文中，我们用了一章节的内容着重讲了光合作用，相信你也能理解叶子对于被子植物的意义了——毕竟吃饭真算得上生物活着的第一大事！

在大自然中，植物的叶子长得各式各样，但它们的外观再不同，结构却是大同小异，基本上都是由叶片、叶柄和托叶构成。

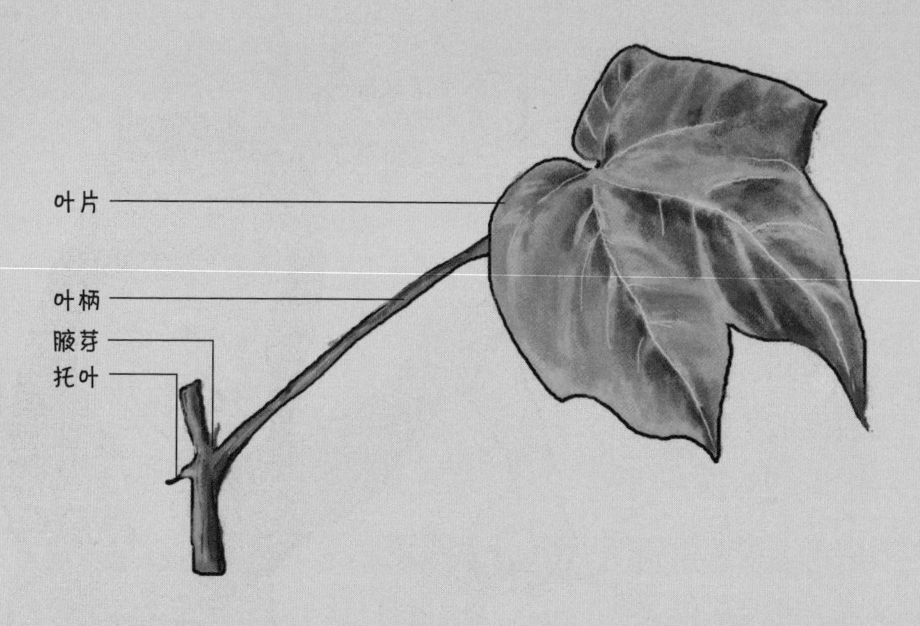

叶片的表皮对叶片起到了保护的作用，在上下表皮之间夹着的就是叶肉，在它里面含有大量叶绿体。因为经常受到太阳光的照射，相比叶子的下半面，上半面的颜色会更深，并且由于这种受光不同，叶子里面的叶肉组织常常会出现分化。

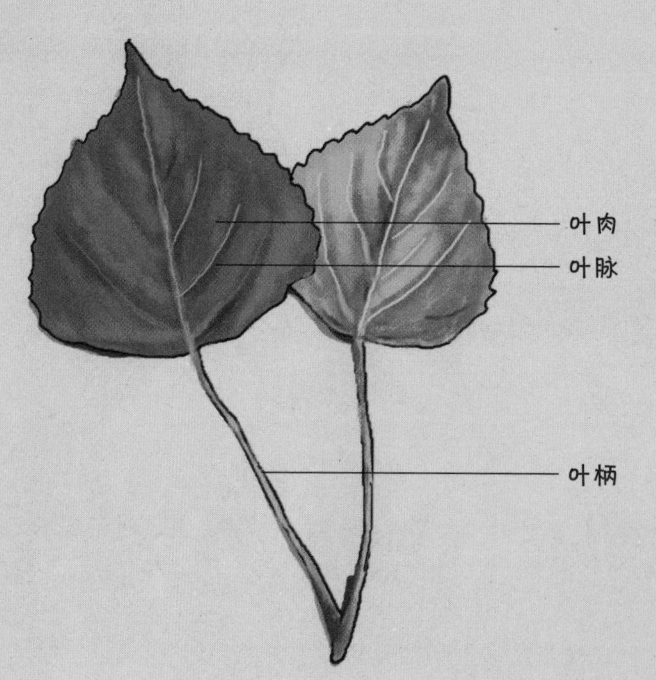

叶柄一般位于叶片的基部，它上端与叶片相连，下端与茎相连，是联系叶片与茎之间不可或缺的桥梁。植物的叶柄基本上都是圆柱形或者扁平形的。另外，值得一提的是，也有少数非常特别的植物的叶

睡莲的叶子浮生于水面。

柄长在叶片的中央或者下方，例如千金藤、莲、血桐、山麻秆，这种生长形式被称为盾状着生。

托叶位于叶柄基部、两侧或腋部，是一对又小又细的绿色膜质片状物，如果不留心观察，人们很难发现它们的存在。托叶一般会先于叶片长出，它们是新生的幼叶和幼芽的保护者。有些植物，比如龙芽草、茜草、六月雪，它们的托叶可以长期

叶子是植物的营养器官之一，一般斜生于枝茎之上。

存在于叶柄上，这叫作托叶宿存。但是，也有一些植物的托叶在完成任务后会很快脱落，并在叶柄上留下环状托叶痕，比如石楠、木兰，这叫作托叶早落。

责任重大的花朵

在大自然中，很多植物都会开花，它们千娇百媚、争奇斗艳，为地球增添了一抹美丽的色彩。花朵是种子植物的有性繁殖器官，而种子植物包括被子植物和裸子植物。我们可以将一朵完全的花朵分成花梗（也叫花柄）、花托、花被、雄蕊群、雌蕊群等五个部分。你别看花朵这么弱不禁风，它可是植物界生殖器官进化中出现的进化水平最高、构造最复杂的生殖器官。

其中，花梗和花托都起到了支撑花朵生长的作用，但不是所有植物都有花梗和花托；而花被是花萼和花冠的总称：绿色的花萼位于花朵最外面的一轮，它由数个萼片组成，能够保护娇嫩的花蕾好好生长；花冠位于花萼的内侧，由若干片花瓣围成，并且大部分植物的花冠都是五颜六色的，只有少数是白色的。

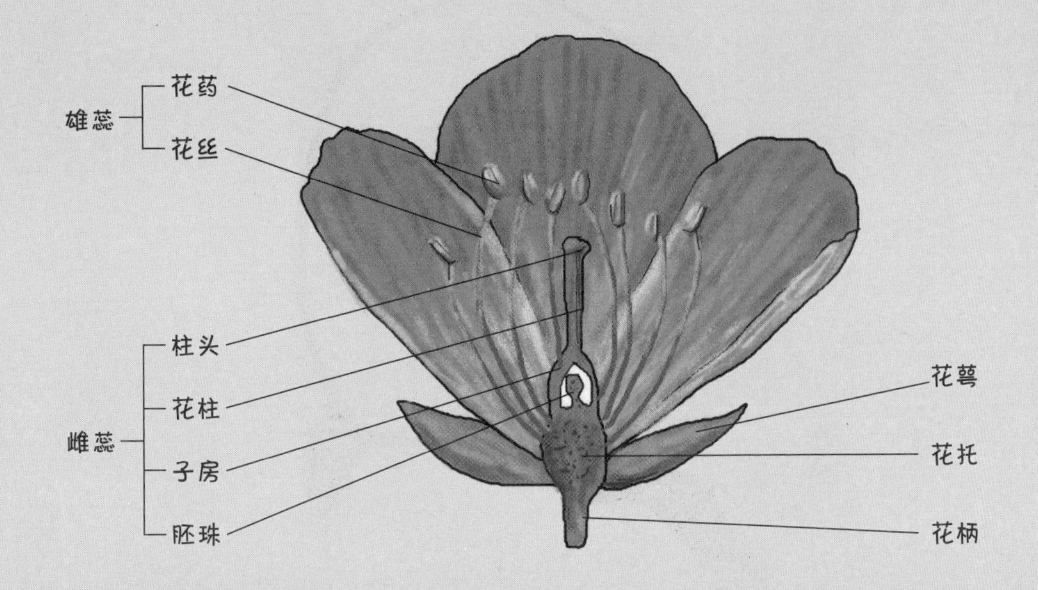

作为最重要的部分，花蕊处于花朵的正中央，被花梗、花托、花被所保护着。花蕊可以被分成雄蕊群和雌蕊群。雄蕊群由花丝和花药组成，它可以产生花粉粒，是植物的雄性生殖器官。雌蕊群可分为单雌蕊、复雌蕊及离心皮雌蕊三种类型，但它们通常由子房、花柱和柱头三部分组成；雌蕊是植物的雌性生殖器官，可以产生卵细胞——花粉粒与卵细胞相结合就有可能形成种子，而种子落地生根后会长成新的个体。

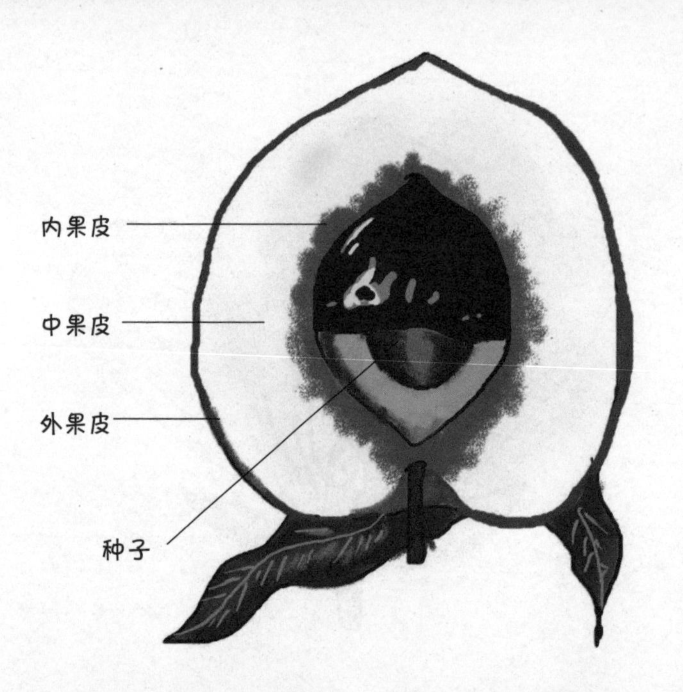

奇妙的果实与种子

果实是被子植物特有的部分——简单来说，凡是能结出果实的植物都属于被子植物。果实一般分成两部分：果皮和种子。种子就像是被子植物的“孩子”，而果皮就是裹着种子的那条“被子”。在离开母体后，种子仍可以独立存活一段时间，但这段时间有短有长——你可能不会相信，莲花的种子甚至在几百年乃至上千年后还能发芽！

被子植物的“摇篮”：果实

果实是被子植物所特有的，也就是说，所有结果的植物都是被子植物。果实可以被分成果皮和种子两部分，果皮一般包

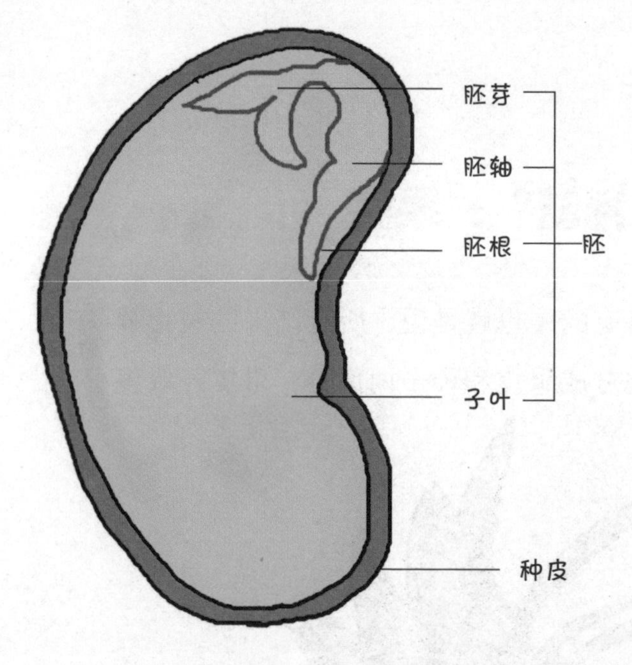

裹在种子外面。果实可以按照不同的分类方法加以区分归类，比如真果、假果、单果、聚合果（也叫复果）等。大多数被子植物的果实都是由子房发育而来的，而子房是雌蕊的主要组成部分，这样的果实叫作真果，比如桃、杏、大豆；也有一些果实是由子房和花托或花被共同发育而来的，这样的果实叫作假果，比如山楂、菠萝、苹果、梨、哈密瓜；只有一个雄蕊的植物的果实叫作单果，比如番茄、橘子、猕猴桃；由一朵花中多数离生雌蕊发育而成的果实是聚合果，它的每一个雌蕊都会形成一个独立的小果，比如草莓、八角、蛇莓、桑葚。

看了上文，相信你一定会和我一样在感叹：果实的种类怎么会如此丰富！你知道吗？虽说每种果实都有果皮，但不同果实的果皮结构也会有所差别。一

般来说，果皮可以分为外果皮、中果皮和内果皮三部分，但在平常生活中，我们说的果皮通常指的是外果皮。

被子植物的“孩子”：种子

世界上所有植物的形态都是由其遗传基因决定的，而种子就是保存植物遗传基因的“仓库”。植物的种子可以延续植物的种族，它是裸子植物和被子植物特有的繁殖器官。在广阔的

大自然中，能形成种子的植物有 20 多万种！这听起来是不是很惊人？

不同植物的种子呈现出不同的外观，它们有的大，有的小，有的表面光滑，有的长得坑坑洼洼。通常来说，种子可以被划分为种皮、胚和胚乳三部分，其中种皮起着保护胚和胚乳的作用。被子植物的种皮结构变化多样，有的很薄，就像一层纸；有的则很坚硬，宛如给胚和胚乳套了一层铠甲。胚则是由受精卵发育而成的，在正常情况下，它会由胚芽、胚釉、子叶和胚根这四部分组成。事实上，不同种子的胚之间的差异只在于子

叶的数量（1 ~ 18个），但最为常见的子叶数量为2个。至于胚乳，大多数被子植物的种子在发育过程中都会形成胚乳，但也有一些异类存在，它们几乎或者干脆就没有胚乳，因此种子也被分为有胚乳种子和无胚乳种子。

知识链接

大大的龙舌兰果

谁是世界上体积最大的果实？当然是龙舌兰果啦！

成熟的龙舌兰果就像是一颗超级巨大的菠萝，不过它的口感可远远比不上酸酸甜甜的菠萝。龙舌兰果的果肉是白色的，淀粉含量非常高，需要大约8年才能完全成熟。比起直接食用，它更适合用来酿酒——闻名世界的龙舌兰酒就是用龙舌兰果酿造而成的。在遥远的墨西哥，很多人都是靠着种植龙舌兰果和制作龙舌兰酒来谋生的，但这可不是什么轻松的工作，光是收割这种特别大的果实就足以让人头疼万分了——你知道吗？龙舌兰的叶子上甚至还长着锋利的锯齿，轻易就能将人割伤。

要是植物消失了，很多动物都要饿肚子了。

树叶和青草其实都挺好吃的。

还是肉更好吃。

森林里到处都是植物。

森林里的植物大军们

森林被誉为“地球之肺”，它在给植物提供舒适的住所的同时，也给予人类和动物赖以生存的洁净空气。在这里，数以万计的植物正在蓬勃地生长着，小到平淡无奇的苔藓，大到巍巍的参天大树，真是太壮观了，让人不得不去感叹大自然的神奇与慷慨！这次，我们就来一起盘点下那些形形色色的植物们！

药用植物

顾名思义,药用植物就是那些可以入药的植物。药用植物的种类很多，它们是制药行业重要的原料来源，其中很多都来自同一株植物，因为不同部位

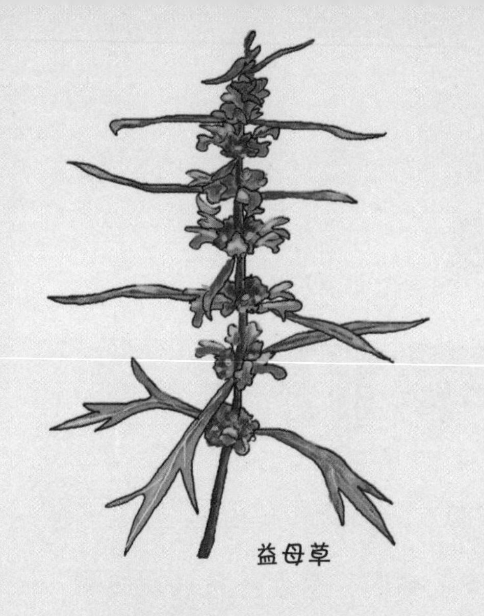
益母草

具有不同的药效和用法。有些药用植物可以全部拿来入药，比如益母草、吉祥草、灵芝、苦玄参、鼠尾草、龙葵、鸡眼草、矮地茶等；有些药用植物则只有一些部位可以拿来入药，比如人参、桔梗、曼陀罗、黄精、当归、丁香、紫苏、铁皮石斛、金银花等。人参可能是所有药材中最出名的那个了，它也被人们称为“中药之王”。人参因为具有多重功效，所以价格十分昂贵，野生的人参在市场

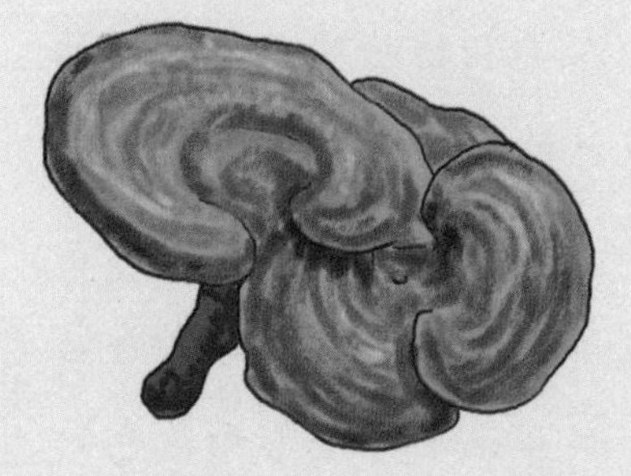
灵芝

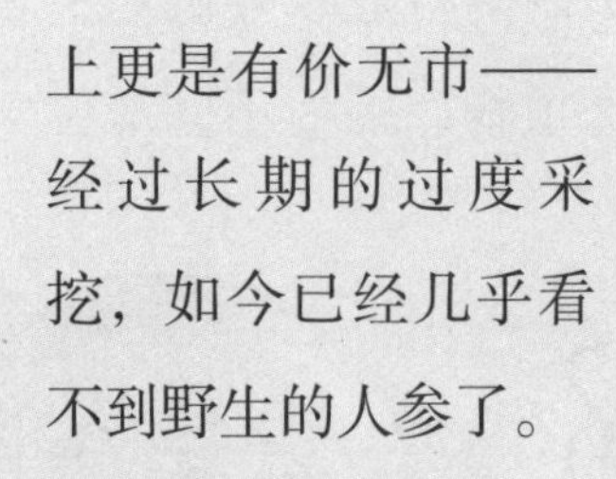
人参

上更是有价无市——经过长期的过度采挖，如今已经几乎看不到野生的人参了。

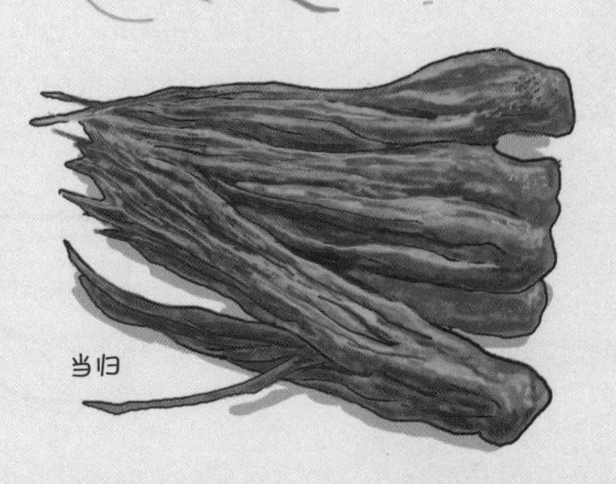
当归

油料植物

我们日常生活中吃的食用油，有相当一部分是来自油料作物。在大自然中，一些植物的种子、果仁、果皮或者胚芽天生就有比较高的含油量，人们通过一些工具可以从中榨取出适合我们食用的油脂。常见的油料植物主要包括大豆、花生、油菜籽、芝麻、蓖麻、葵花子等，但其中还要数花生和芝麻使用得最频繁。

花生又叫落花生、长生果、地果，它的果实含有丰富的脂肪、蛋白质、氨基酸，以及多种维生素和矿物质，可以促进人体脑细胞的发育。而芝麻的种子含油量高达61%，是提取食用油的优质原料；芝麻油颜色淡黄，香气扑鼻，富含人体所需的脂肪酸，具有润肠通便、补肝益肾的功效，在全世界的市场上都一直很畅销。

香料植物

香料植物，指的是那些根、茎、叶、花或者果实中自带芬

芳成分的植物。经过特殊加工，它们可以被做成能够散发出香气的各种产品，比如胡椒、丁香、肉桂、柠檬、薄荷、玫瑰、香茅、肉豆蔻等。其中，柠檬是典型的香料作物，它的果皮曾是大航海时代西方从东方进口的主要香料之一。一说柠檬的故乡是马来西亚，但也有人认为它原产自印度。现在世界上最著名的柠檬产地是美国和意大利。玫瑰更不用多言了，它的身影在护肤品、香水、食物、饮料中随处可见，但谁能想到它也曾是世界上身价最高的香料作物之一。地处欧洲的保加利亚是世界上最大的玫瑰产地，它也被世人冠以“玫瑰之国”的美誉。

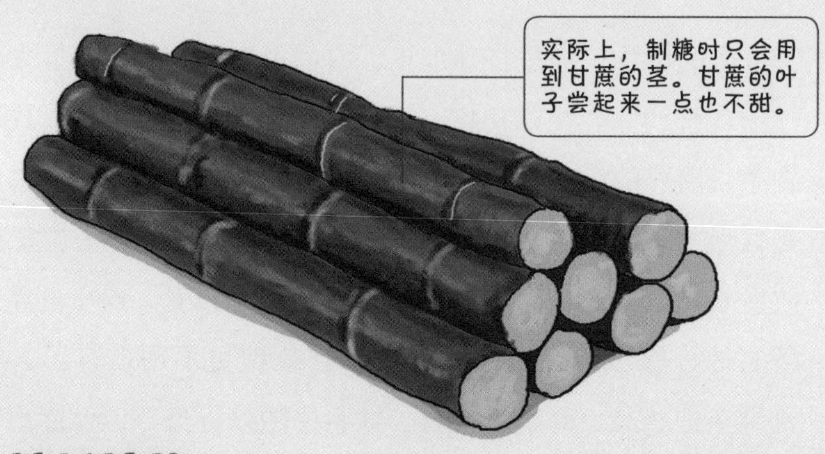

糖料植物

甘蔗和甜菜是制糖业中不可或缺的原材料，从它们之中提取的糖分可以被用来制作糖果、饮料等产品。甘蔗原产自印度，由其榨取出的蔗糖占世界食糖的 65% 以上，并且它的残渣还可以被制成纸张和饲料。现在世界上种植甘蔗面积最大的国家是巴西，其次是印度和中国。

甜菜是世界上最主要的糖料植物之一，同时也是我国北方种植的主要经济作物。有历史学家认为它起源自地中海地区，于大约 1500 年前从阿拉伯传入中国，并被人们用作药物治疗疾

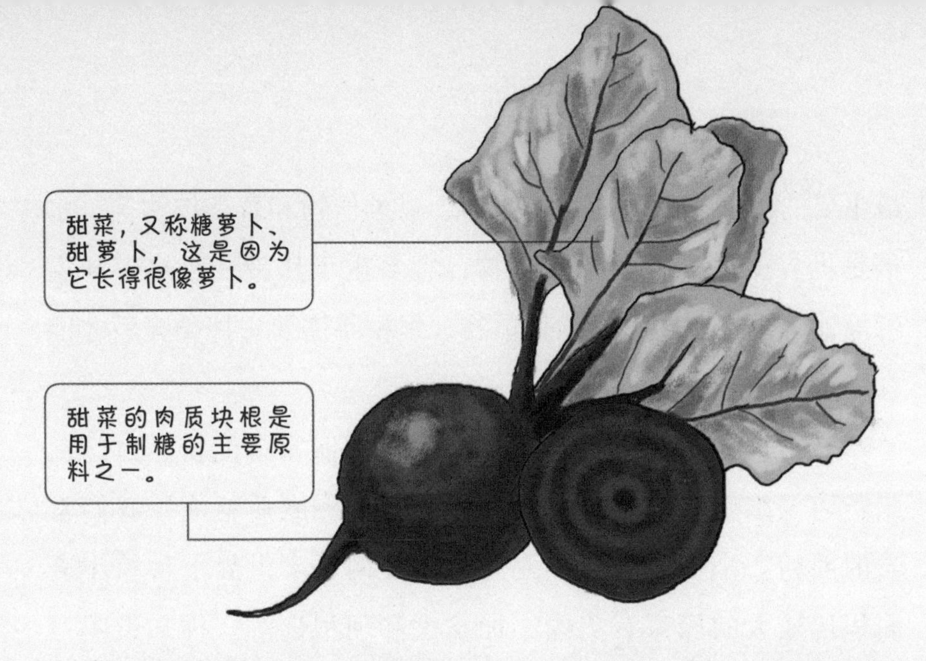

病，或者当成蔬菜端上餐桌。对于很多国家来说，甜菜不仅仅是制糖的原料，更是一种美味的蔬菜，比如美国人会将它做成腌制品，俄罗斯人会将它煮成热乎乎的甜菜汤。

粮食作物

粮食的重要性无须多说，想必你一定也知道。目前世界上

最主要的粮食作物包括谷类作物、豆类作物和薯类作物等。水稻是世界上最主要的粮食作物，它多生于热带、亚热带和温带等地区，它所结出的就是稻谷，但稻谷需要去掉稻壳后才能食用。

小麦的地位和水稻不相上下，它的籽实富含淀粉、蛋白质、脂肪以及维生素等多种营养物质，经过碾磨后就成了我们常吃的面粉。小麦分为冬小麦和春小麦两种。世界上种植小麦面积比较大的国家有美国、加拿大和阿根廷等。你知道吗？即使到了科学技术日新月异的今天，地球上每时每刻仍有数

不胜数的人们正在忍饥挨饿！请记住，珍惜粮食就是珍惜人类的未来。

纤维作物

什么是纤维？你可以把它简单地理解成制作衣服的原材料。棉花、亚麻、大麻都是主要的纤维作物。你可能没见过棉花长

在地里的样子，但是你一定穿过由它制成的衣服。它产量高、成本低，可是世界上最重要的纺织原料和战略物资。棉花的果实长得像个桃子，所以也有人叫它“棉桃”。

亚麻不仅是优质的油料作物，也是人类最早使用的纤维作物。早在差不多1万年前，古埃及人就已经开始有意识地种植亚麻，并利用它的纤维制

知识链接

地球的生物基因宝库——热带雨林

提到热带雨林，我们不得不说远在巴西的亚马孙热带雨林，它是世界上现存面积最大的热带雨林。亚马孙热带雨林主要分布在地球的赤道附近，这里终年气候炎热，降水丰富，没有干旱期，地球上有半数以上的生物都生活于此。除了保持地球上的生物多样性，亚马孙热带雨林还承担着净化空气和调节气候的重要作用。另外，在这片神秘的乐土上，仍然还存在着一些与世隔绝的原始部落，其成员保留了很多古老的生活习惯，比如狩猎、制作独木舟、缝制兽皮等，几乎不与现代社会接触。

作面料了——这可不是人们胡乱猜测的，你也许不知道，在埃及出土的那些木乃伊身上裹的布就是用亚麻做的。可以说，亚麻是当之无愧的最古老的天然纤维作物。

金、银、铜、铂

自地球诞生以来，大约已经有46亿年过去了。在这个漫长的过程中，地球曾历经了几次重要的地质大变迁，并在其地下形成了种类丰富的矿物——金、银、铜、铂就是其中的一部分。你可以把矿物想象成大自然随机埋在地球上的“宝藏”——并不是所有地方都有它们，但有它们的地方一定会吸引众多“挖宝者”。

金与银

金、银、铜、铂都是极具经济价值的金属矿产，丰厚的回报催生了人类对开采它们的无限热情，无数想要一夜暴富的人不断投身于此。自然金主要产自含

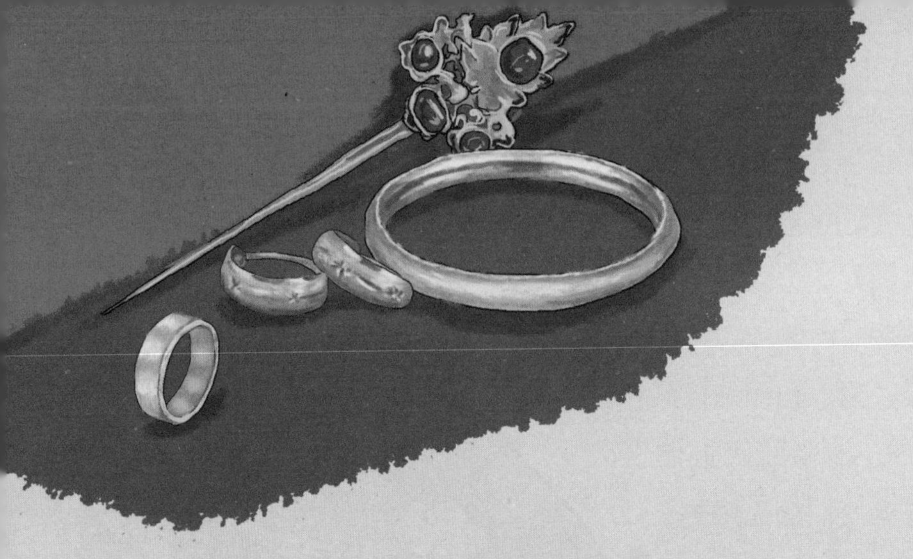

金的石英脉或者火山岩系与火山热液作用有关的热液矿床中，另外在一些河床中有时也能找到与沙石混在一起的、超级小的砂金。金的颜色一般为泛着光泽的金黄色，但有时金和银是伴生的，金中有银，银中有金，随着金的含银量增加，它会变成浅黄色。市面上，很多工艺商会将黄金与其他金属熔合成合金，这种合金被称为 K 金。世界上著名的黄金产地包括南非、美国、澳大利亚、加拿大、俄罗斯等，其中南非是世界上第一大黄金产地。

天然银一般形成于热液矿脉中，完整的银的单晶体几乎不

存在，有时呈平行带状，常见的多为不规则的纤维状、树枝状和块状的集合体。银的熔点低、导电和导热性能良好，并且具有非常优秀的延展性。银除了能制作漂亮的首饰，还被应用在各种科技领域。一般来说，新鲜的银是银白色的，但如果长期暴露在空气中，它的表面就会失去光泽，变成暗沉沉的灰黑色。世界上著名的白银产地包括墨西哥和挪威。

铜与铂

铜是人类最早发现并使用的金属之一。自然铜并不纯粹，它常常会带有微量的铁、金、银。我们会主要根据铜的颜色来判断其质量的优劣，新鲜的铜一般是

铜红色或者浅玫瑰金色，而氧化后铜的表面会变成褐黑色或者绿色。铜具有良好的导电性、导热性和延展性，常被用来制造子弹、炮弹、枪炮零件，也在首饰、乐器、电线、汽车零件、

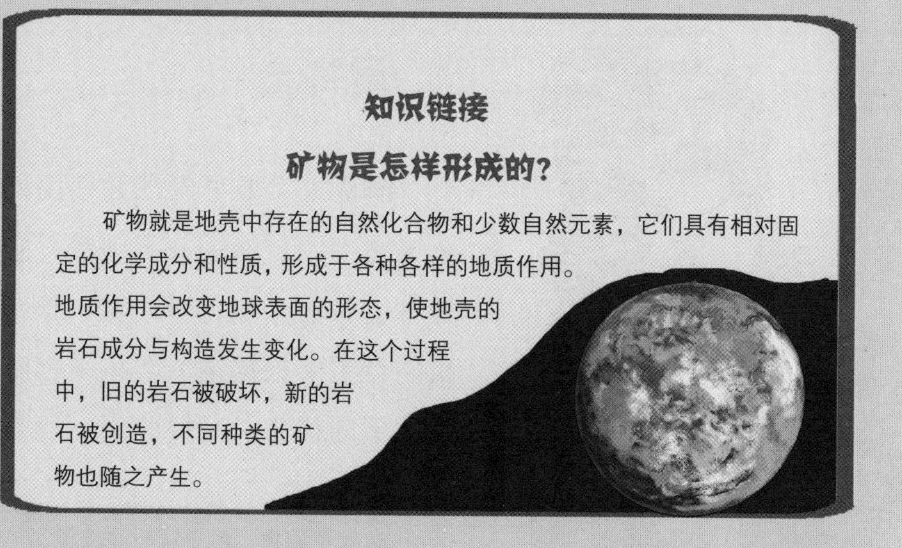

知识链接

矿物是怎样形成的？

矿物就是地壳中存在的自然化合物和少数自然元素，它们具有相对固定的化学成分和性质，形成于各种各样的地质作用。地质作用会改变地球表面的形态，使地壳的岩石成分与构造发生变化。在这个过程中，旧的岩石被破坏，新的岩石被创造，不同种类的矿物也随之产生。

化学器皿以及电子零件的制造业中有着广泛的应用，古代时也曾被用来制作钱币、乐器、刀具等。世界上最著名的铜矿产地包括美国、俄罗斯、意大利、中国等地。

自然铂，俗称白金，它的熔点极高，密度很大，并且具有微弱的磁性、良好的延展性和高度的化学稳定性。在正常状态下，铂一般会呈现出具有金属光泽的银灰色或者白色。值得一提的是，铂在空气中是不会氧化的，但它仍需要被密封保存。因为铂不易获得，价格十分昂贵，所以它常常被用来制作高级的化学器皿。有时，铂也会和镍等其他金属一起被制成特种合金。世界上著名的铂矿产地包括俄罗斯、加拿大、美国等。

铂也是化学上常用的催化剂。

铂抗腐蚀性极强，有时会被做成昂贵的高档饰品出售。

孔雀石和它的朋友们

孔雀石是一种历史悠久的玉料，在中国古代又被称为绿青、石绿或青琅玕，这是因为它通体苍翠，颜色酷似孔雀羽毛上的绿色。孔雀石原产自巴西，常常与其他含铜矿物共生，比如蓝铜矿、辉铜矿等。因为它的色泽极其特殊，几乎没有其他任何宝石能与之相似，因此想要人工制造它的仿冒品是一件非常困难的事情。

孔雀石和孔雀的羽毛一样美。

孔雀石的颜色非常鲜艳。

独一无二的孔雀石

孔雀石是含铜的碳酸盐矿物，常常与蓝铜矿、辉铜矿、黄铜矿等伴生或共生。为了方便理解，这里我们要再深入说一下伴生矿和共生矿的关系：伴生矿指的是一种次要的矿产伴随着另一种主要的矿产一起存在，其中次要矿产的含量一般都不太高，不值得我们单独去开采；而共生矿则是指在同一矿床中存在着两种以及两种以上的矿产，它们往往具有相似的化学性质，都可以达到各自单独的品位要求、储量要求以及矿床规模。这两个概念在下文中会被频繁提到，要牢记哦！

与孔雀石伴生的黄铜矿是炼铜的主要矿物原料之一。

孔雀石的颜色非常独特，有深绿色、孔雀绿、暗绿色、淡绿色等，并且还会在表面呈现出如孔雀羽毛般的条状花纹——它的美丽，让人不得不再一次感叹大自然的鬼斧神工！这独一无二的色彩与纹路也让其他矿物无法轻易假冒成它，因此在市面上很难找到孔雀石的仿冒品。

孔雀石不仅是精美的装饰品原料，也常常是地质勘探人员寻找珍贵的黄铜矿的线索。有经验的地质员在野外一见到孔雀石，他脑袋里的雷达就会马上响起来——孔雀石在哪里，黄铜矿一定也在哪里！世界上著名的孔雀石产地包括俄罗斯、中国、巴西、罗马尼亚等。

孔雀石的朋友之一：蓝铜矿

孔雀石俗称石绿，而蓝铜矿俗称石青。蓝铜矿是孔雀石的共生矿物，二者经常难舍难分，一起见于铜矿床氧化带、铁帽以及近矿围岩的缝隙中。蓝铜矿会呈现出深邃而浓烈的深蓝色，有的还会具有玻璃般的美丽光泽。它的硬度与孔雀石相当，质地都很柔软。蓝铜矿可以被用来提炼铜、制造铜合金、制作蓝色颜料，或者当作工艺品出售。

同时，蓝铜矿也是市面上著名的保健用品，一些科学家宣称它可以增强人体的敏感度，让人们的意识更加清明爽朗，甚至能为病人减轻病痛，避免精神障碍。世界上著名的蓝铜矿产地包括俄罗斯、罗马尼亚、巴西等，而中国主要的蓝铜矿产地集中在湖北。另外，还有一点需要明确的是，蓝铜矿与孔雀石之间的界限其

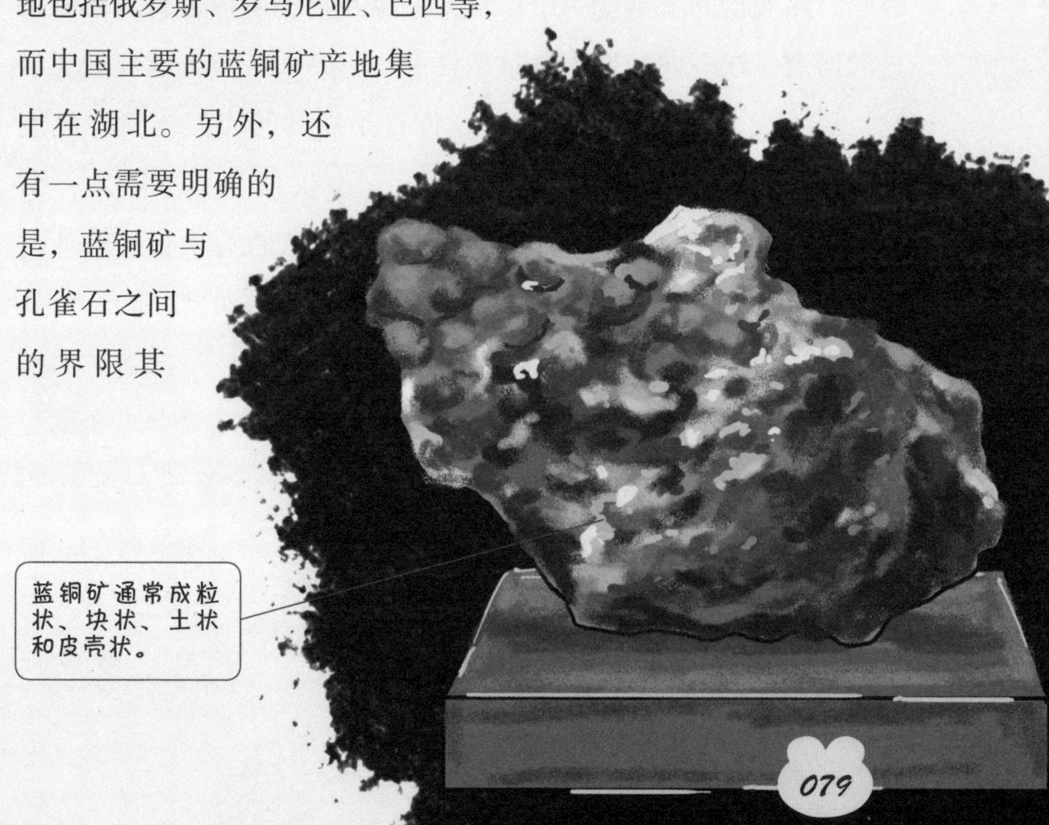

实是很模糊的，在一定条件下，蓝铜矿很容易就能转变为孔雀石。

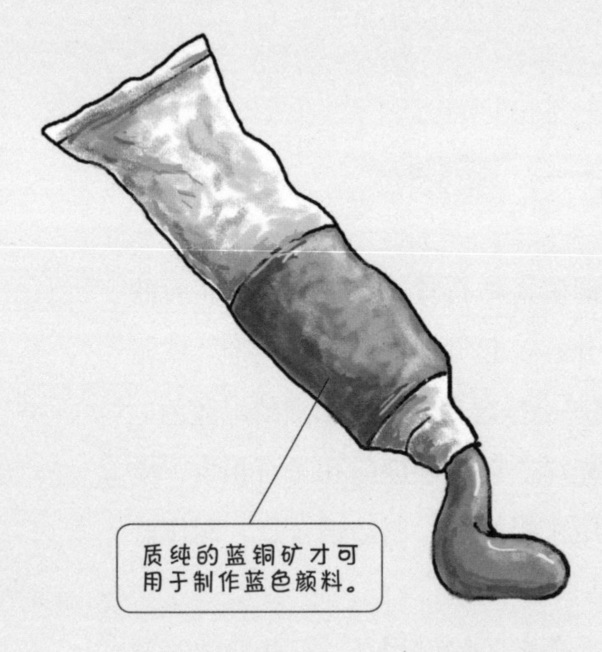

孔雀石的朋友之二：辉铜矿

绝大部分辉铜矿都是次生矿产，常与孔雀石、石英、方解石等物质伴生在热液成因的铜矿脉中。其实，我们在前文中曾多次提到过热液这个概念，现在不妨来详细了解一下它。热液指的就是地壳中以水为主体并富含多种金属元素的高温溶液，在不同的地质背景条件下，它的来源与组成会呈现出各自不同的特点。当然，热液不仅仅存在于陆地，海底也有大量的热液喷溢而出。

辉铜矿的颜色是具有金属光泽的、不透明的深灰色，而风化之后，它又会变成死

气沉沉的黑色。辉铜矿的硬度很低，延展性很弱，容易被污染。当辉铜矿燃烧时，它会冒出诡异的绿色火焰，并释放出有毒的二氧化硫气体。辉铜矿的含铜量非常高，可以达到 79.86%，是人类获取铜的重要矿物原料。在中国云南等地分布着大量的辉铜矿，除此之外，美国的阿拉斯加州、内华达州、亚利桑那州等地也有分布。

用途广泛的石膏和天青石

你骨折了，要用石膏固定受伤的部位；你想吃豆腐了，要用石膏去做豆腐；你要去看牙医、修补牙齿，医生要用石膏做你的牙床模型……总之，石膏这东西在我们的生活中随处都能见到。至于天青石，也许你从来都没听说过它的大名，但它可是世界上最珍贵的矿产之一，是人类获取锶这种物质的主要来源。

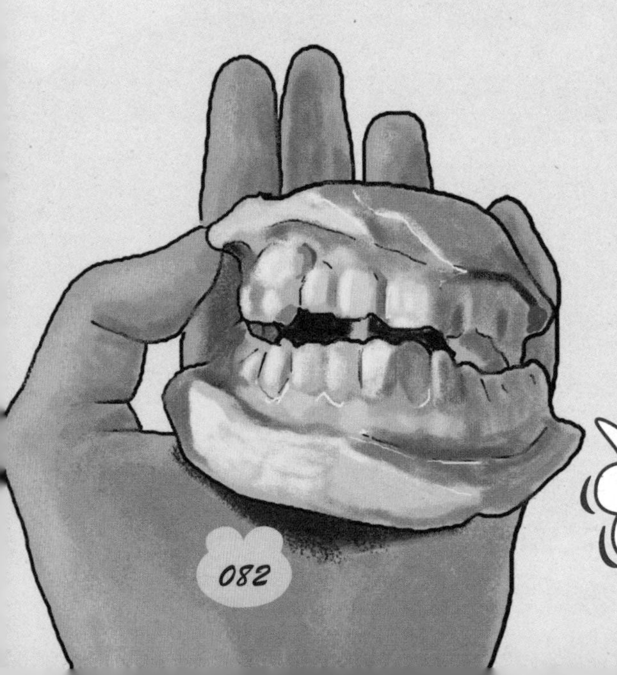

能吃，也能用：石膏

石膏是主要由化学沉积作用形成的硫酸盐矿物。其中，化学沉积作用是指一些化学物质在风、水和冰川等各种营力作用下，由于水体流速或风速变慢、冰川融化以及其他物理、化学条件的改变，出现悬浮、搬运、堆积或沉淀现象的过程。石膏常常与硬石膏、石盐等共生在石灰岩、红色页岩、砂岩及黏土岩中。它形态多样，颜色多变，能够呈现出无色、白色、灰色、浅黄色、浅红色等多种颜色的外观。石膏的用途非常广泛，它会变身成各种产品出现在我们的生活中：水泥、轻质板材、灰泥、农肥、农药，甚至是中药。

和石膏不太一样的硬石膏

硬石膏，又称无水石膏，是一种天然的硫酸盐矿物。虽然它与石膏名字相仿，但与石膏有着很大的区别。硬石膏主要是盐湖中的化学沉积产物，常与食盐、光卤石等矿物共生。除此之外，它也会出

现在一些热液矿脉中，与白云石、石膏、石盐共生。纯净的硬石膏会呈现出无色或者白色的外观，而有杂质的则会变成灰色、浅红色、浅棕色。在一定条件下，硬石膏可以转化为石膏。

你知道吗？虽然在人们的固有印象中，石膏总是白乎乎的一坨，难看得要命，但有些硬石膏会如同珠宝一样泛着玻璃光泽或珍珠光泽。硬石膏可以被用来制造硫酸、石膏板、灰泥、建筑速凝剂、模型等产品。世界上著名的硬石膏产地有美国、瑞士、中国等。

珍稀的天青石

天青石是世界上比较稀缺的矿物，总储量大约为 2 亿吨——这听起来是很多，但地球上可有 80 多亿的人口呢！天青石常常与方解石、石英共生在热液矿脉、沉积岩、蒸发岩或者基性岩的矿床中。它颜色多样，你能见到它无色、白色、浅红色、浅棕色等多种样子。天青石一般是透明或半透明的，会泛出脆生生的玻璃光泽。放眼全世界，具有开发价值的天青石矿屈指可数，并且大多都集中在中国——中国的天青石年产量大约能占世界的 60%！其次，西班牙、墨西哥、土耳其、伊朗、英国、秘鲁、阿尔及利亚等国也有小部分产出。

知识链接

为什么人骨折了要打石膏？

在日常生活中，你肯定见过有病人打着石膏的样子，他们或是腿或是胳膊被裹在白色的石膏里面，受伤的地方一动都不能动。在骨折的临床治疗方面，很多医生都会选择为病人打石膏这种治疗方法，因为当人体里的某处骨骼发生断裂时，如果没有石膏在外固定伤处，好不容易接上的断骨两端就有可能发生移位，对骨折的地方产生二次伤害，甚至导致骨骼发生畸形愈合，并影响肢体功能。而裹在患处的石膏在风干后会变得很坚硬，能对受伤的地方起到保护作用，可以有效避免这种不良结果。

天青石会被用在制作陶瓷、染料、漆料、糖以及医药行业中，但它的价值绝不仅限于此，它还有更重要的使命，那就是为人类提供锶这种化学物质。锶是一种化学性质十分活泼的银白色软金属，在空气中燃烧时会出现耀眼的红色火焰。从天青石中提炼出的锶被广泛应用于电子、化工、冶金、军工、轻工、医药和光学等多个领域。如果哪天你抬头看见了天上绚丽的烟火，说不定这烟火里也有锶的存在。

身怀“绝技”的云母

云母俗称千层纸，这是因为它的硬度很小，可以被劈成许多极薄的薄片。它是硅酸盐化合物中的一种，名下有三个亚类：白云母、黑云母和锂云母，其中在工业上用得最多的是白云母。

因为云母耐高温，具有极好的绝缘性，所以常会被用作电气工业材料。云母矿广泛存在于亚洲、非洲和美洲，而在欧洲十分少见。

工业的“宠儿”：白云母

白云母主要存在于岩浆岩中。岩浆岩就是那些因岩浆侵入地壳内或喷出地表后冷凝而形成的岩石，

比如花岗岩。产自花岗岩的白云母多能形成具有极高经济价值的晶体，这些晶体是工业生产中的重要原料。也有一部分白云母会出现在变质岩中，变质岩与岩浆岩是两种完全不一样的东西——变质岩指的是那些地壳中原有的岩石受构造运动、岩浆活动或地壳内热流变化等内营力影响，使其矿物成分、结构发生不同程度的变化而形成的岩石。

白云母能够呈现白色、灰色、绿色和红色等多种颜色，有的是透明的，有的是不透明的，但一般都会带着华丽的玻璃光泽或珍珠光泽。白云母是云母一族中分布最广的矿物，在大自然中的储存量极高，但分布得并不均匀。它可以被用来制造陶瓷、

油漆、塑料和橡胶等多种多样的工业产品，它的身影会经常出现在我们的日常生活中——只要你留心，就能在你的房间中发现它隐藏起来的踪迹。

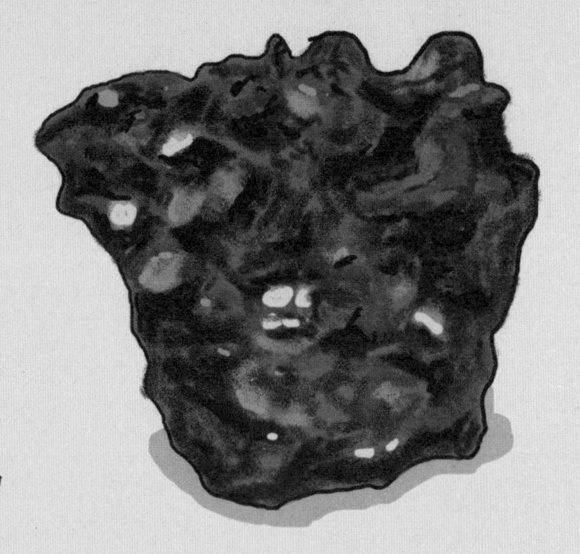

稀有金属的来源：锂云母

锂云母又称鳞云母，它常出现在岩浆岩中，也会生于富含锡的矿脉中。锂云母的颜色非常多，粉色的、无色的、白色的、紫色的、灰色的、黄绿色的都有，它发生断裂后的截面总是参差不齐。在大自然中，锂云母的储存量非常大，按理说它应该价值不高，但事实恰恰相反——因为锂云母是提取稀有金属锂的主要原料之一。

说起锂这种金属，我们在生活中并不多见，它被更多地应用在顶尖的军事工业上：它是氢弹、火箭、核潜艇和新型喷气

飞机的重要燃料，是生产信号弹、照明弹和飞机用的稠润滑剂的重要原料，是一些冶金活动中要使用到的、不可或缺的纯净剂。除此之外，锂云母中还常常含有一些经常被应用在高科技领域的铷和铯——是的，它也是提取这两种珍贵的稀有金属的重要原料之一。这么一看，你就知道锂云母有多抢手了！

不常见的黑云母

黑云母是一种通常泛着玻璃光泽的硅酸盐矿物，它的组成非常不稳定，绝缘性差，容易风化。黑云母主要产于岩浆岩和变质岩中，最常见的颜色是黑色，但也有一些是深褐色的、浅红色的、红棕色的、浅绿色的或者其他颜色的。令人惊奇的是，大自然中还存在着白色的黑云母，虽然极为少见，但这难道不是一件奇闻吗？影响黑云母颜色的是它之中其他金属的含量，

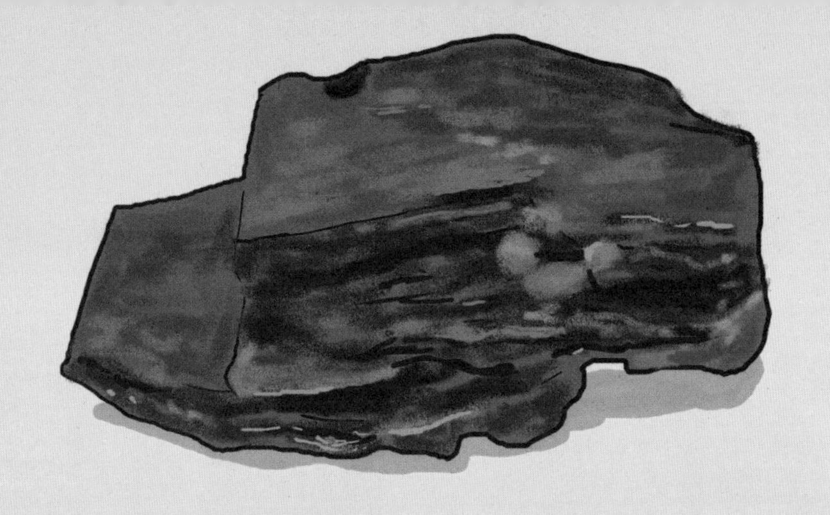

比如含钛高的黑云母会呈现出浅红褐色，含铁高的则会呈现出绿色。

黑云母虽然是固体，但可以溶于水和各种溶剂，并且受热水溶液的作用，它可以蚀变为绿泥石、白云母和绢云母等其他矿物。事实上，黑云母在生活和生产活动中的应用远不如它的近亲白云母，它更多地被应用在制造灭火剂、电焊条、塑料、纸张、沥青、橡胶、珠光颜料等行业中。

大自然的礼物：红宝石和蓝宝石

美丽的宝石是大自然馈赠给人类的珍贵礼物。从古至今，它们都一直被人类所深深地喜爱着。天然的红宝石和蓝宝石大多都来自亚洲，它们质地坚硬，数量稀少，且价格十分昂贵，有些甚至能被拍卖出上亿元的天价来。幸好现在人类已经掌握了合成宝石的技术，让许许多多的普通人也能有幸去感受宝石的独特魅力。

爱情之石：红宝石

红宝石属于三方晶系的氧化物矿物，它是刚玉的一种——含有微量铬的、外观呈红色的刚玉就是红宝石。红宝石形成于岩浆岩与变质岩中，也常见于河床的砂砾层中。红宝石耐磨耐热，抗侵蚀，具有较好的绝缘性和稳定的化学性质，它既可以被当作价值不菲的装饰品，也能被用于高级研磨材料和精密仪表的轴承等。红宝石一般是半透明的，它会泛着熠熠的玻璃光泽或金刚光泽。在日常生活中，我们说的宝石一般指的是天然珠宝玉石和人工宝石的统称。

在《圣经》中，红宝石被称为世上最珍贵的宝石。它那炙热的红色外观总是能让人联想起爱情，因此它也成为人们心中

的“爱情之石”，承载了人们对美好爱情的向往与期盼。在一些民族中，红宝石甚至还象征着不死鸟，传说只要在左手上戴一枚红宝石戒指，或者在左胸前别上一枚红宝石胸针，人们就可以拥有化敌为友的神奇魔力。

灵魂宝石：蓝宝石

蓝宝石也属于三方晶系的氧化物矿物，同时它也是刚玉的一种——含有微量铁和钛的、大多数外观呈蓝色的刚玉被称为蓝宝石。相信看到这里，你已经发现它和红宝石不一样的地方了。是的，你想得没错，蓝宝石并不都是蓝色的。事实上，我们习惯把除红色外的其他各种颜色的宝石都叫作蓝宝石，它们可能是无色的、蓝色的、黄色的、绿色的，或者褐色的。

晶莹剔透的蓝宝石通常生于一些岩浆岩和变质岩中。在古波斯，人们对能反射出天空色彩的它非常喜爱，并认为它是德高望重和忠诚的象征。这种感情在古代欧洲也很常见，在西方人的眼中，蓝宝石是“灵魂宝石”，拥有着某种神秘而神奇的超自然力量，能够赋予人们平静、纯真、智慧与平安。

世界上的宝石产地很少，因此无论是蓝宝石还是红宝石，它们的价格都十分昂贵。如今，在市面流通的宝石并不都是天然宝石，我们见到的很多红宝石和蓝宝石都是仿冒品。当然，除了这种价格

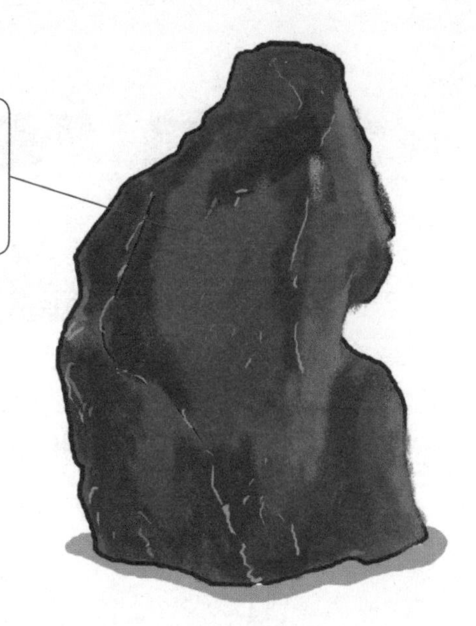

低廉的假货，还有一些特殊的产品存在着：一是通过人工手段将天然宝石的碎块或碎屑压制成完整的宝石；二是将两块或两块以上宝石碎片组合成完整的宝石。虽然以上这两种产品的原料都来自天然宝石，但并不怎么值钱。

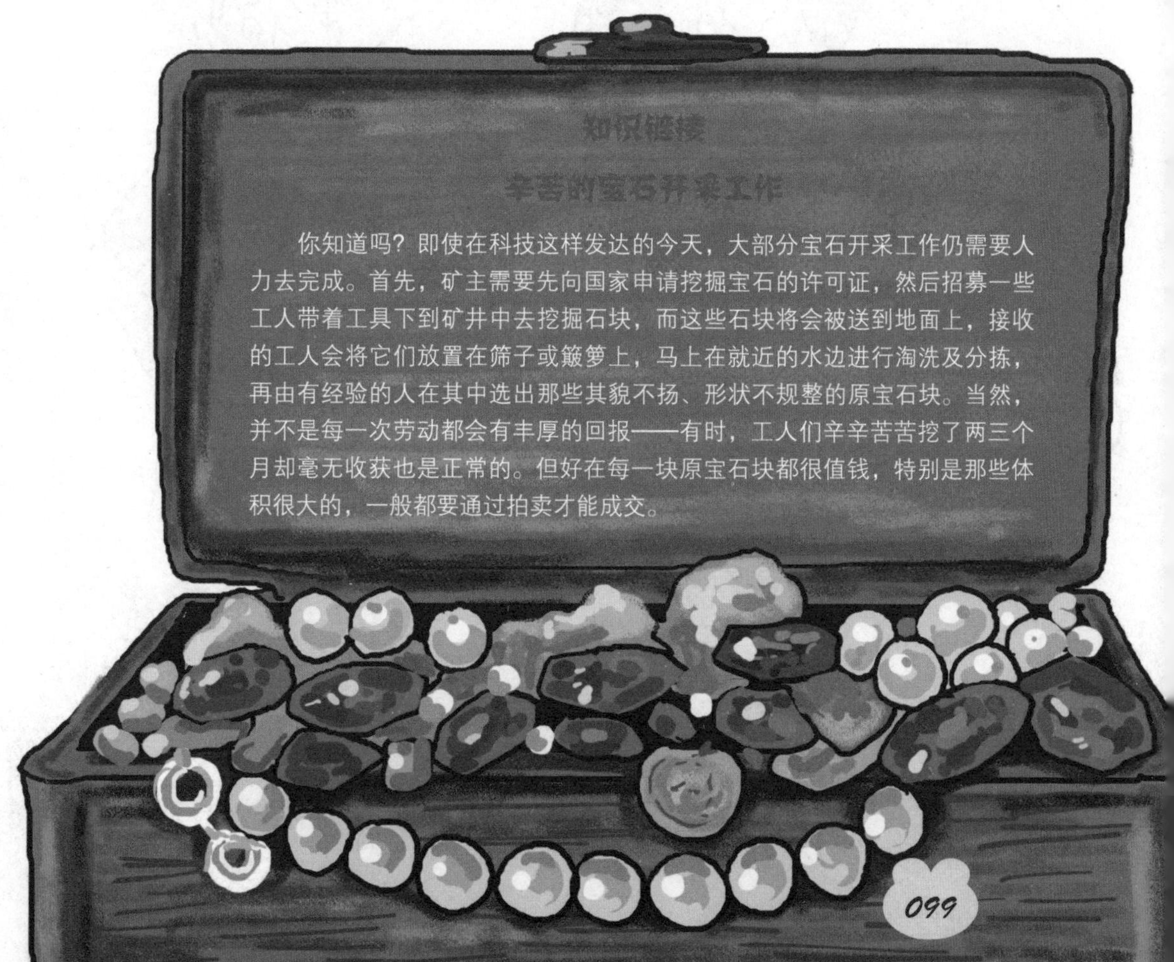

知识链接

辛苦的宝石开采工作

你知道吗？即使在科技这样发达的今天，大部分宝石开采工作仍需要人力去完成。首先，矿主需要先向国家申请挖掘宝石的许可证，然后招募一些工人带着工具下到矿井中去挖掘石块，而这些石块将会被送到地面上，接收的工人会将它们放置在筛子或簸箩上，马上在就近的水边进行淘洗及分拣，再由有经验的人在其中选出那些其貌不扬、形状不规整的原宝石块。当然，并不是每一次劳动都会有丰厚的回报——有时，工人们辛辛苦苦挖了两三个月却毫无收获也是正常的。但好在每一块原宝石块都很值钱，特别是那些体积很大的，一般都要通过拍卖才能成交。

冷酷的“杀手”

——方铅矿与辰砂

矿物对于人类来说是一把锋利的“双刃剑”：一方面，我们的生活和生产离不开它们的支持；

另一方面，当我们把它们的“才能”用在错误的地方时，它们就会毫不留情地置我们于死地，而方铅矿和辰砂就是其中的代表。在人类的历史上，有些古罗马贵族将铅制成碗，有些中国古代帝王用辰砂炼丹……当然，想必你已经猜到这些人最后的结局了。

杀人不见血的方铅矿

方铅矿本质上其实就是硫化铅，它是一种现在已经很常见的矿物，可以被用来提取铅这种金属。在马路上，你肯定见过那些来来往往的电动自行车，它们所使用的蓄电池里就含有铅。方铅矿常与萤石、石英、方解石、闪锌矿、黄铁矿等共生，在地表易风化成铅矾和白铅矿。它通常看起来像是一堆灰色的有条纹的石头，总是泛着冷冰冰的金属光泽，一眼看上去会给人一种很脆、不结实的印象。世界上著名的方铅矿产地包括美国、英国、德国、澳大利亚、中国等。

在很久很久之前，人们就有意识地使用从方铅矿中提炼出来的铅，去清除那些附着在船底的生物或者制作武器了。当然，也有一群人

将铅用在了错误的地方，比如古罗马人。在遥远的古罗马帝国时期，贵族们乐于使用整套的铅制餐具来彰显自己的身份，一些妇女也会使用铅粉来化妆，甚至当时用来引水的管道都是用铅做的。但事实上，过量的铅进入人体内，会对人的健康产生不小的危害。有些学者就认为，古罗马帝国的覆灭有很大一部分原因应归咎为铅中毒。

是药，也是毒：辰砂

辰砂属于三方晶系的单硫化物矿物，它是制造汞盐的矿物原料，也是提炼汞的唯一原料。辰砂，也叫朱砂、丹砂，它常常呈现出棕红色或者猩红色——这也是它名字的由来。在中国古代，它曾是术士们用来炼丹的一种重要材料——当然，它不仅不会让人变得长生不老，甚至有时还能直接让人一命呜呼。在中国历史上，就有好几位皇帝因为服用丹药而死于可怕的重金属中毒。重金属中毒可能会导致人出现齿龈肿胀、呼吸困难、鼻腔出血、头痛、恶心、呕吐、腹泻等多种症状。另外，辰砂也是一味历史悠久的中药，它具有安神、镇静、杀菌等诸多功效。看来，“是药三分毒”这句话是有根据的。

辰砂的主要成分是硫化汞，含汞量高达 85.4%，但其中也会混进去一些其他东西，比如沥青、雄黄、磷灰石等。辰砂常见于火山和温泉周围，与白铁矿、蛋白石、石英和方解石等共生在火山附近的矿脉和沉积岩中。中国是世界上重要的辰砂产地之一，其他还有西班牙、意大利、美国等。

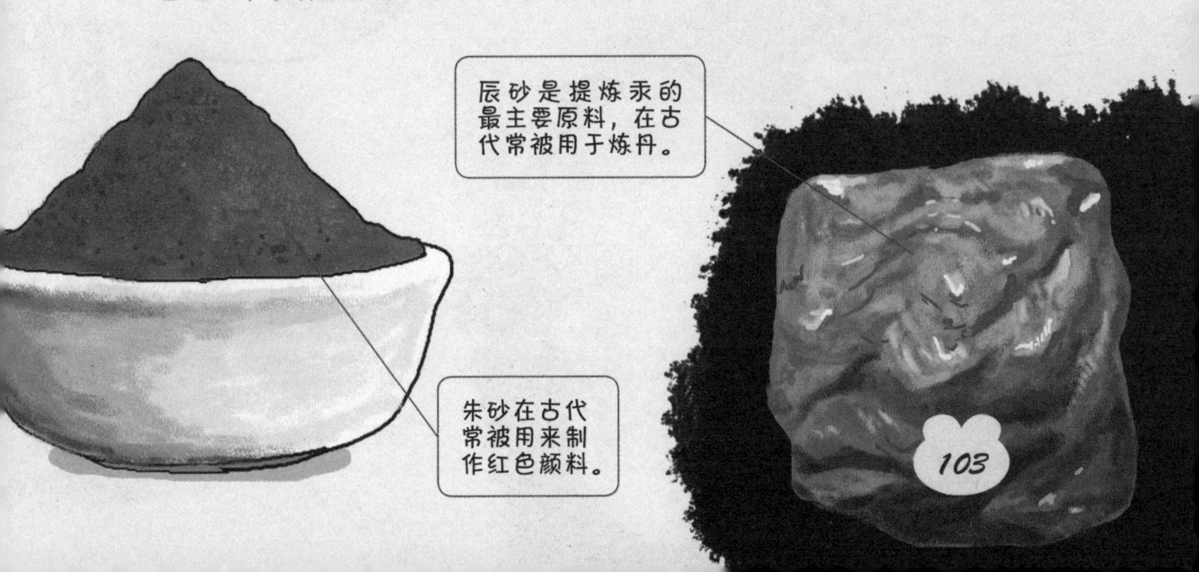

大自然中的那些“盐”：石盐与钾石盐

我们都知道菜少了盐就不好吃了，但盐可绝非只有调味这一种用途。在原始社会，含盐的矿物曾是人们以物换物的重要商品，因为人类的身体需要盐才能正常运转起来。在古代欧洲，甚至还有一种刑罚是禁止罪犯吃盐！但你知道我们在生活生产中使用的盐到底来自哪里吗？而原始状态下的盐又长什么样呢？

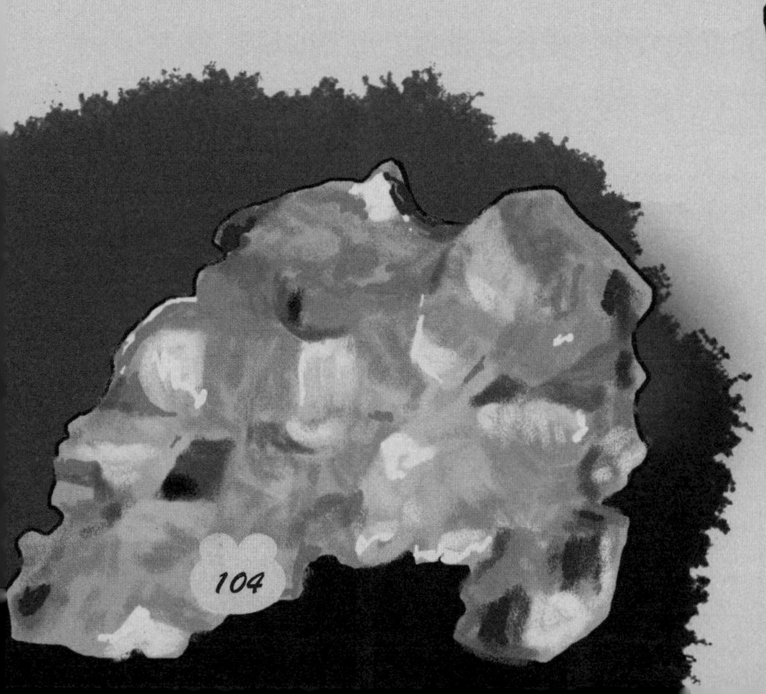

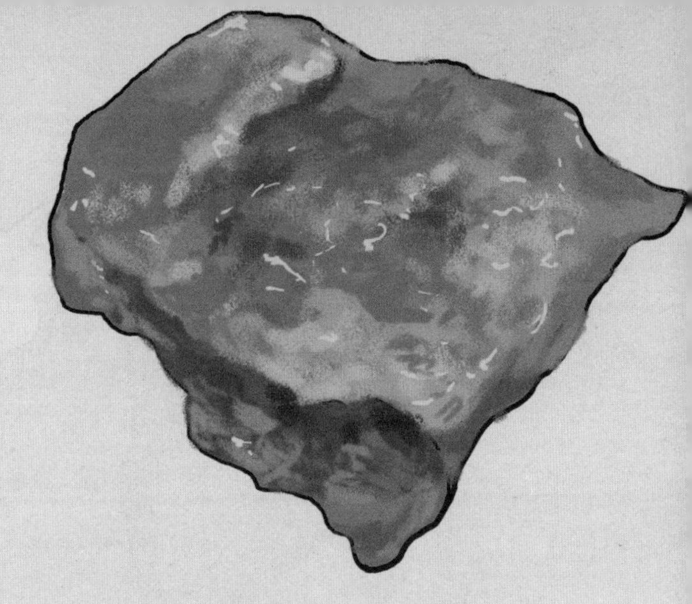

钠和氯的来源：石盐

石盐又俗称盐、岩盐，是一种卤化物，也就是卤素（包括氟、氯、溴、碘、砹）与其他元素形成的化合物。它是人们用来提取钠、制造盐酸和各种钠盐的重要矿物原料。石盐有很多种颜色，比如白色、黄色、无色、蓝色、紫色和黑色，但它表面的条纹一定是白色的。石盐是人们获取钠和氯的主要来源，它不仅可以被用在化学工业中，还可以被用在食品加工工业中。在全世界中，有大约 75 个国家正在大量开采石盐。

盐是人体所必需的物质，是人体内钠和氯的主要来源。人体的很多基

础机能都离不开盐中的钠离子。自人类的生活方式从狩猎逐渐转变为农耕以来，人一直在寻找含盐的矿物质。在传统农业社会，盐是很难靠人们自己生产的，因此石盐也成为早期人类第一批寻找和交换的矿物之一。如果人们长时间不摄入盐分，就会出现食欲不振、四肢无力、肌肉痉挛、视力模糊等诸多问题。

钾的来源：钾石盐

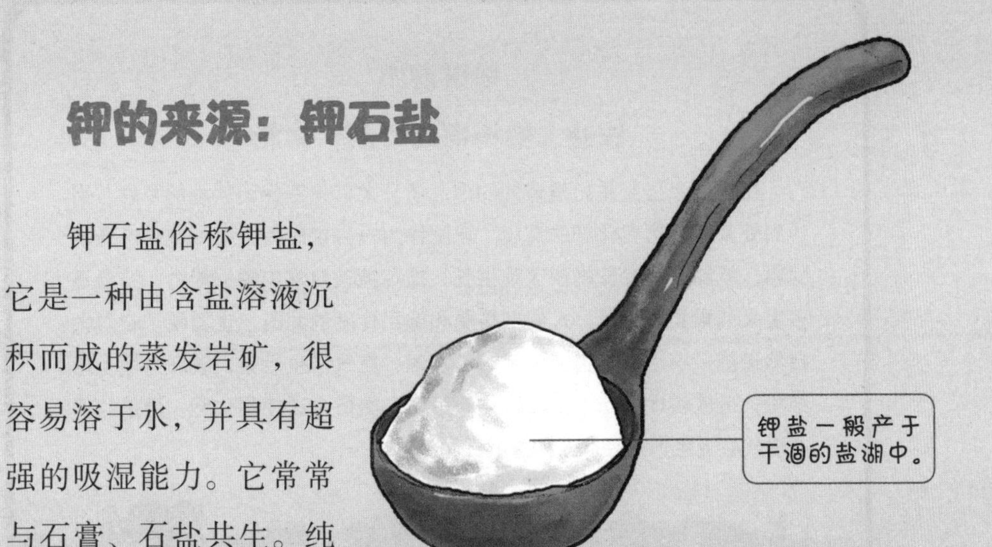

钾石盐俗称钾盐，它是一种由含盐溶液沉积而成的蒸发岩矿，很容易溶于水，并具有超强的吸湿能力。它常常与石膏、石盐共生。纯净的钾石盐会呈现无色透明或者白色，带着一点辣味；而含有杂质以后会变为红色、黄色、蓝色、玫瑰色等，出现白色的条纹，泛着玻璃光泽。从名字上，你就能知道钾石盐和石盐在性质上是极其相似的，因为它们都带着一个“盐”字，但钾石盐的味道要更加苦涩。除此之外，钾石盐的火焰为紫色，而石盐的火焰为黄色。

知识链接

农业上的一把双刃剑：化肥

化肥如今已经是妇孺皆知的产品了，尤其是在保留耕地的乡村，街边到处都开有售卖化肥的商店。化肥作为一种农民用来增加粮食产量的材料，能够帮助农作物快速地生长，提高抵抗自然灾害的能力，结出更多更大的果实。但是，人们在接受和施用化肥的同时，也发现了它对大自然造成了不小的伤害：对土壤、水源、空气产生污染；破坏当地土壤结构，造成耕地板结、土壤酸化；等等。如何合理使用化肥，仍是我们在现代农业生产上要面对的重要课题之一。

我们开采出来的钾石盐多半都被送去制造钾肥了，只有一小部分被用于提炼钾和制造钾的化合物。钾肥就是那些以钾为

主要养分的肥料，适当使用可以提高农作物抗病、抗寒、抗旱、抗倒伏及抗盐的能力。有些体积大一点的钾石盐则可以用来制作光学材料。另外，值得说一说的是，钾本身是没有毒性的，但当人体摄入过量的钾时就有可能会死亡。在很多刑事案件中，外观很像盐的氯化钾几度曾被当作谋杀他人的工具使用——血液中含钾的浓度会影响人体的心脏功能，浓度过高会导致人猝死。

世界著名的钾石盐产地包括俄罗斯、白俄罗斯、加拿大、德国、美国等。

真假“美猴王”

——金刚石与石墨

从化学成分上来看，金刚石和石墨都是由碳元素构成的，它们的化学成分完全相同；但事实上，它们之间在方方面面有着天差地别，比如金刚石是目前地球上最坚硬的物质，而石墨却是质地最软的物质之一；金刚石是世界上最贵的矿物之一，而有些石墨却被用来制作铅笔的芯；金刚石几乎不导电，而石墨导电性一流……

金刚石与石墨的关系

金刚石也就是我们常说的钻石的原身，它是世界上目前已知的最硬的物质。金刚石由碳元素组成，它的颜色取决于自身的纯净程度、所含杂质元素的种类和含量：在极致的纯净状态下，金刚石是无色透明的；但伴随着不同杂质的掺入，它就会变成黑色、黄色、褐色、灰色、绿色、蓝色、乳白色和紫色等，并且一般都是半透明或者不透明的。

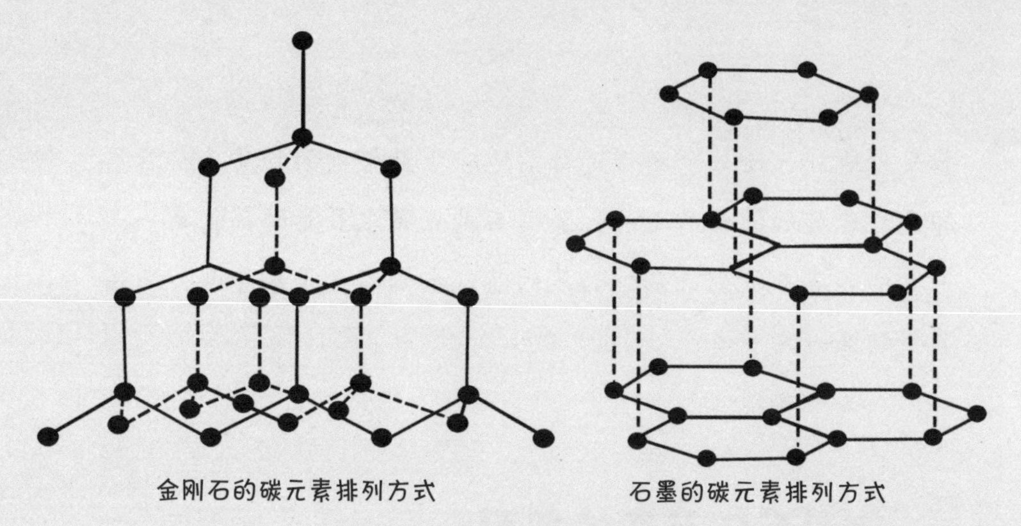
金刚石的碳元素排列方式　　石墨的碳元素排列方式

当我们有条件将金刚石加热到1000℃时，就会发现它缓慢地变成了石墨和二氧化碳。金刚石和石墨都是由碳元素组成的，二者为碳同素异形体。同素异形体是指那些由相同化学元素构成，因排列方式不同，呈现出不同形态的物体。把这个概念代入进去，相信你现在一定知道碳同素异形体是什么了。从化学成分上来看，同素异形体之间无太大差别；但从物理性质上来看，它们之间却会出现非常多的差异。下面，我们用金刚石和石墨来举例说明。

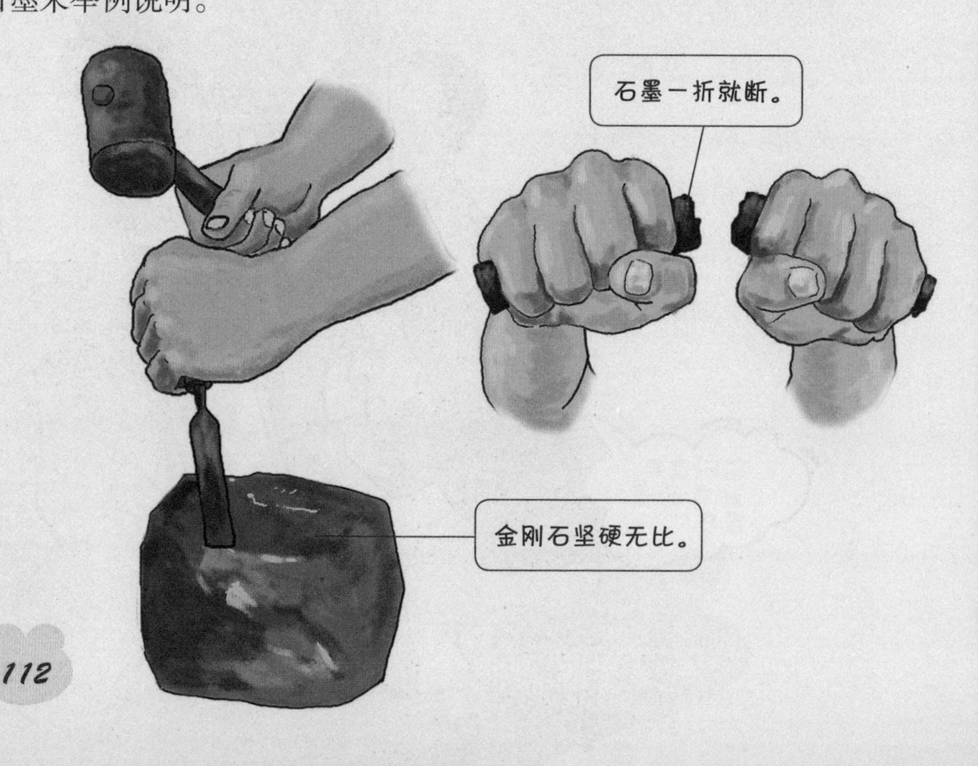

从化学角度来看，在常温条件下，金刚石和石墨的化学性质都很稳定，几乎不会与别的物质发生化学反应；但在高温条件下却不然，它们可以与很多物质发生化学反应。并且，金刚石与石墨之间可以通过化学反应进行相互转变。

从物理角度来看，由于金刚石与石墨中碳原子的排列方式不同，二者的物理性质相差甚远。比如，金刚石极为坚硬，石墨却质地柔软、有油腻感、可以在纸张上书写；金刚石几乎不导电、不导热，石墨却具有良好的导电性和导热性。

现在市面上流通的金刚石可以分为天然金刚石和人造金刚石两种。人造金刚石就是人工合成的金刚石。金刚石的性质决定了它的用途非常广泛，它不仅能成为华美的工艺品，还是工业中不可或缺的切割工具。另外需要提一下的是，金刚石可不是地球的“特产”，科学家早就发现在“天外来客”——陨石中也有金刚石存在。

差之毫厘，谬以千里：石墨

从前文中，你就能发现石墨与金刚石其实本质上都是由碳元素组成的物质，但是由于二者内部碳原子排列方式不同，金刚石成为世界上最名贵的矿物之一，而石墨沦落到被用来制作几毛钱一支的铅笔。当然，我们不能用价格去评论每一种矿物的贡献，但就是这一点点小区别，却诞生了截然不同的两种物质——让我们不得不佩服大自然这个想象力非常丰富的“造物主”。

石墨，过去又叫石螺、石黛、画眉石，它的英文名字源于

知识链接

南非，世界的矿物工厂

在正文中我们就提到过南非是矿物原料的出口大国，它矿产资源丰富，能够向世界出口 70 多种矿产，并且矿产储量巨大，仅黄金这一项，其储量就占了全球的 60%！现在，我们来简单盘点一下那些它挖出来的数不胜数的矿物种类：铂、锰、钒、铬、硅、铝酸盐、蛭石、锆、钛、氟石、铀、铅、钒、锰、铬、锑、铀……如果非要说南非还缺点什么，那么唯一遗憾的就是它没有太多的石油！

希腊文，本意是“用来写字的东西”——当石墨在纸上划过时，会留下深灰色的痕迹，正好可以拿来当记录工具。因为石墨的形态和颜色与铅非常接近，所以曾经一度被人们误认为是铅的一种。

碳是一种在地球上很常见的化学元素，它以多种形式在大气和地壳之中广泛存在。碳元素可以和其他物质形成大量的化合物，石墨就是其中之一。根据结晶形态不同，石墨可以被分为致密结晶状石墨、鳞片石墨和隐晶质石墨三种。石墨耐腐蚀、耐热，不易与酸、碱等反应，经常被应用于制造化学器皿、各种电器的电极、特殊的化工管道等。

石墨需要高温才能形成，它主要分布在沉积岩之中，世界上著名的石墨产地包括巴西、中国、印度和墨西哥等。在高温和高压的条件下，石墨可以被制作成人造金刚石——虽然是人造的，但它的价格可一点都不便宜啊！

收藏家的最爱——天蓝石与绿松石

天蓝石常被误认为是青金石，甚至二者的英文名字都如出一辙，但它们的确有着天壤之别。而绿松石的英文名本意是土耳其石，但它的故乡并不是这里，而是古代波斯。幸好这些都没有影响它们成为拍卖场上的“常客”、收藏家们的“心头好”——看它们色彩瑰丽，灿若星斗，就知它们身价不菲，价值连城！

“假青金石”——天蓝石

天蓝石是一种碱性的镁铝磷酸盐矿物，乍一眼看上去会觉得它像块玻璃。它基本上都是不透明或半透明的，外观能呈现出蓝色、浅蓝色、深蓝色等色彩，极少情况下也会有白色的天蓝石出现——但这是可遇而不可求的。

这些都不值钱啊……
过来看看，我这里有上好的绿松石！
最近有没有什么好东西要卖？
奇石
你这里有绿松石吗？
你不会是骗子吧？
来来来，看看我这宝石靓不靓？
古玉

天蓝石和青金石之间的关系剪不断理还乱，二者的“孽缘”可以一直追溯到很久很久以前。青金石是一种颜色酷似天空的罕见宝石，自古以来便是十分珍贵的宝物，更是被尊为佛教七宝之一；而天蓝石恰恰也是蓝色的，所以在科技不那么发达的年代，它经常会被误认为是青金石，以至于它在很长一段时间内都没有姓名。事实上，青金石和天蓝石这两种矿物可以说是一点关系都没有：天蓝石是碱性的镁铝磷酸盐矿物，青金石是碱性的铝硅酸盐矿物，从成分上来说它们勉勉强强挂着一丁点

儿的边，但严格意义上来说，它们真的从本质上就是截然不同的两种东西。

天蓝石虽然不能媲美青金石，但也算是一种居于高档和中档之间的宝石，优秀的性价比让很多收藏家对它青睐有加。世界上主要的天青石产地包括奥地利、美国、瑞士、瑞典、马达加斯加、巴西等，但品质最好的大多都产自美国、印度、巴西。

珍贵的绿宝石：绿松石

绿松石也有很多其他名字，比如甸子、松石、突厥玉、土耳其玉等，它常被用来制作雕像或者首饰，作为装饰物已有5000多年的漫长历史。绿松石的中文名字是由于它“形似松球，色近松绿”，而它的英文名字则更加直白一些——土耳其石。但你知道吗？实际上土耳其并不出产绿松石，它也不是绿松石真正的故乡。传说在很久之前，波斯商人会途经土耳其将绿松石运往欧洲，于是欧洲人就习惯性地把这种宝石叫作土耳其石。

绿松石是一种非常古老的宝石，它们大多外观呈淡雅的青绿色，但有时因为所含元素的不同，不同个体之间也会有些微的颜色差异，比如含铜时呈蓝绿色，含铁时呈黄绿色。色彩是

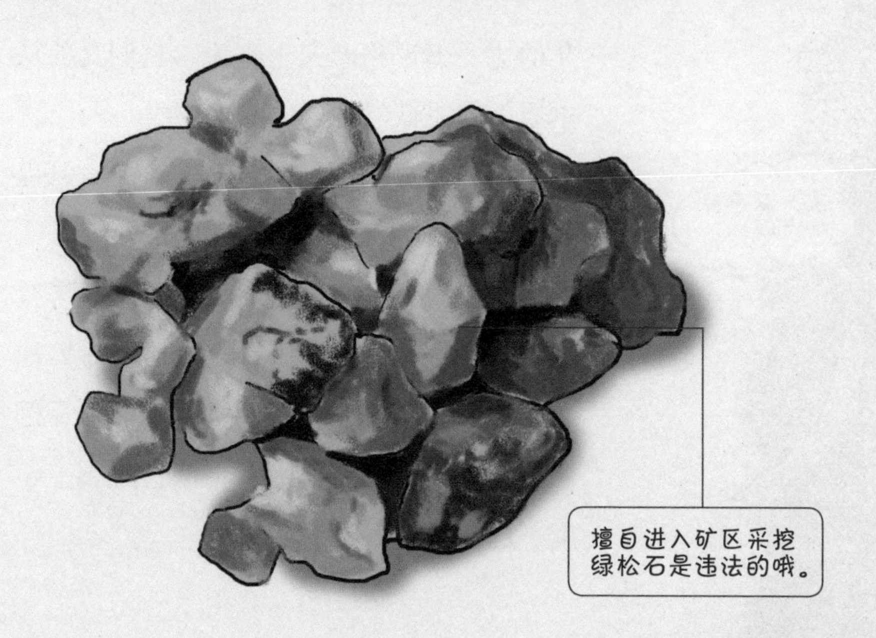

知识链接

化石的形成

与矿物一样，化石的形成也需要很长很长的一段时间。当生物死亡后，它的尸体会被沉积物掩埋起来，并随着时间一点一滴的流逝，其中的有机质会被分解，而遗留下的那些部分，比如外壳、骨骼、枝叶等，则会被周围的沉积物包裹起来变成化石。化石也和矿物一样具有很高的经济价值和科研价值，它是古生物学的主要研究对象，可以帮助古生物学家推断出古代动物、植物的生活情况和生活环境，为研究地质时期的动植物生命史提供强有力的证据。

影响绿松石质量和价格的重要因素之一。在美国等西方国家，人们相信它可以保佑人们免受灾祸，拥有平安和幸福。在中国，它也是重要的绘画颜料，古代的文人墨客会将它碾碎成粉末后用来绘画。

绿松石在地球上的储量巨大，不仅在中国有，在埃及、伊朗、美国、俄罗斯、智利、澳大利亚、秘鲁、印度、巴基斯坦等国也都有。

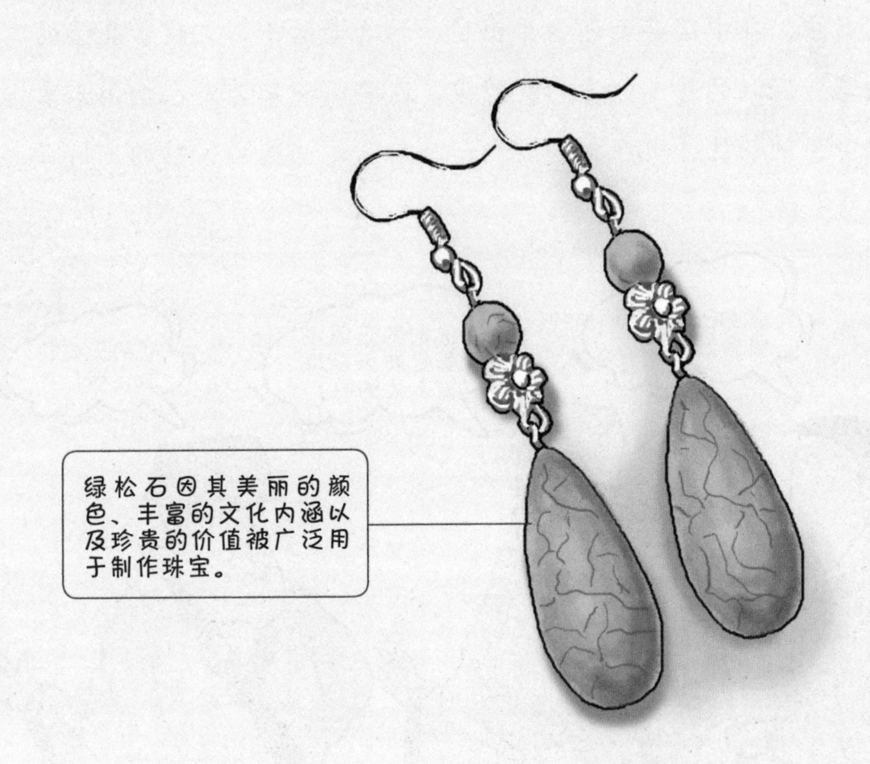

首饰盒里的小秘密：翡翠、黄玉和碧玺

玉石，自古便在中国有着无法取代的地位。世界上可能不会再有任何一个国家的人会比中国人更喜欢玉石了。在漫长的岁月中，在中国甚至还衍生出了一种古老的玉石文化。晶莹的翡翠、温润的黄玉、多彩的碧玺，这些玉石都曾是人们用来象征身份的物件，现在就和我一起来看看这些美丽宝物的“前世今生”吧！

浑然天成的翡翠

翡翠和蓝宝石、红宝石一样，都属于刚玉的一种。它以晶莹剔透的绿色为主，但也会出现白色、紫色、红色、黄色和黑色等颜色。关于翡翠的形成，在学界一直都是个谜，人们只能确定它生于地球的地质作用过程中，却没有找到它真正的成因。世界上最著名的翡翠产地是缅甸，因此翡翠也得了个诨名叫缅甸玉——在这种玉石没得名前，古代的中国人一直都把它叫作缅甸玉。除此之外，危地马拉、日本、美国、哈萨克斯坦、墨

西哥和哥伦比亚等国也有翡翠产出，只不过其质量跟缅甸出产的简直没法比。

翡翠之所以得此名有很多种说法，我们挑两种流传最广的讲一讲。一说在很久之前，有一种名为翡翠的鸟（雄鸟名翡，雌鸟名翠），这种鸟的羽毛非常鲜艳而美丽，会泛着动人的光泽，所以当缅甸玉传入中国后，人们就为它取了“翡翠”这个名字；另一说在古代，“翠”指的就是新疆和田出产的绿玉，所以当缅甸玉传入中国后，人们为了将它与绿

玉加以区分，便叫它“非翠”，但随着时间的流逝，在人们的口口相传中，“非翠”渐渐变了味儿，被阴错阳差地叫成了“翡翠”。

身价不菲的黄玉

黄玉又称黄晶，它是一种主要为浅黄色的硅酸盐矿物，在它柱状晶面上有着明显的纵向条纹。黄玉是典型的气成热液矿

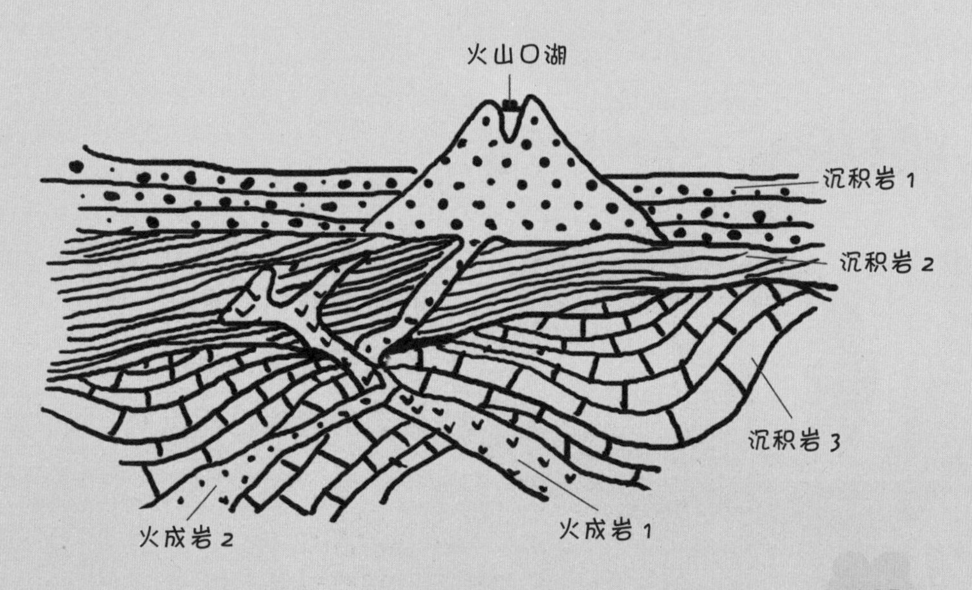

物，由火成岩在结晶过程中排出的蒸气形成。还记得前文中我们说过的热液吗？如果你能将学到的概念代入进去，就会很容易理解气成热液矿物：它们其实指的就是那些在热的气态溶液作用下使原矿物发生变化所形成的矿物。

虽然黄玉带个“黄”字，但实际上它的颜色可是多种多样的，比如无色、蓝色、黄色、红色、褐色、绿色等。另外值得一提的是，黄玉不像其他玉石那样，它的颜色很不稳定，经过阳光的长时间曝晒，就会发生褪色。黄玉经常与锡矿石伴生在一起，所以有经验的地质勘探员会根据它来寻找珍贵的锡矿石。

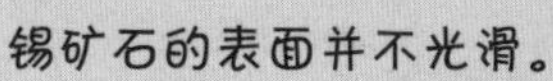

黄玉外表华美，又是吉祥的象征，所以它一直以来都深受人们的喜爱与欢迎。但是，它可不仅仅只是名贵的宝石，还常被用来当作重要的研磨材料。现在，世界各地都有黄玉出产，其中著名的产地包括巴西、斯

里兰卡、美国、中国、俄罗斯、巴基斯坦等。

五彩缤纷的碧玺

在中国，碧玺一词最早可以追溯到清朝时期。碧玺是电气石的一种，而电气石则是硅酸盐矿物族的总称，其名下包括镁电气石、黑电气石、锂电气石、钠锰电气石等多种矿物。碧玺的成分十分复杂，很难用一两句话解释清楚，这是因为我们说的碧玺并不单指某种特定的矿物，你可以把那些颜色绚丽的、被当作宝石的电气石都叫作碧玺。

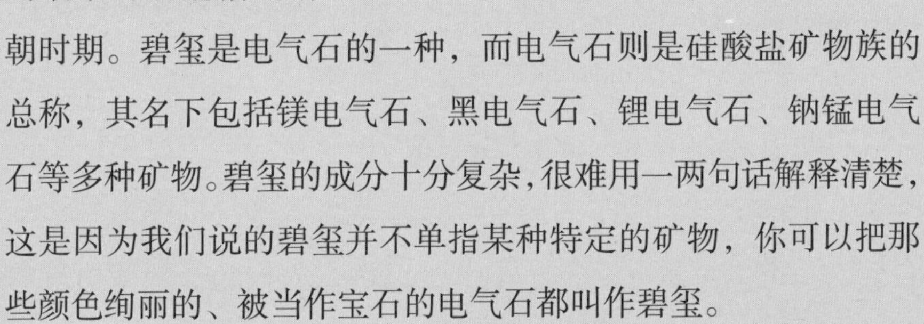

碧玺有着“落入人间的彩虹”这样浮夸的名头，但这可不是胡乱说的——因为它的确可以呈现出各种各样的颜色。你知道吗？在世界上最著名的碧玺产地巴西，人们至今开采出来的碧玺颜色种类已经达到二十几种，这几乎包含了碧玺的所有颜色。看吧，碧玺的五颜六色可是连彩虹都做不到呢！其中，蓝色碧玺最为罕见，它也是所有碧玺中价格最高者之一。

碧玺除了会被制作成五花八门的首饰，还会被用来制作压电材料、研磨材料、声电材料和薄膜材料等产品。如果你想见识下碧玺的美丽，一定要去鉴赏巴西出产的碧玺——巴西出产的碧玺是全世界品质最好的。

知识链接

矿物燃料

除了那些被用来制作成美丽首饰，得以永久保存下来的矿物，有一些矿物生来便为了消失。矿物燃料指的就是那些可以燃烧的矿产资源，比如我们在生活中最常见到的煤炭，它曾经可是人类进行蒸汽革命的重要支柱之一。矿物燃料的形成大多源于动物或植物的尸体：在地质历史时期的某个时候，大量的动植物在相近的时间内接二连三地死亡，可能是因为自然灾害或者其他什么原因，总之它们死后的尸体被深深地埋在了地下，慢慢演化成了矿物燃料。值得注意的是，虽然矿物燃料听起来是可以再生的，但它的确是不可再生资源。

图书在版编目（CIP）数据

自然史. 植物与矿物 / 刘月志编著；高帆绘.
北京：北京理工大学出版社，2024. 11.
（孩子们看得懂的科学经典）.
ISBN 978-7-5763-4286-4

Ⅰ. N091-49；Q94-49；P57-49

中国国家版本馆CIP数据核字第20240US991号

责任编辑：李慧智　　文案编辑：李慧智
责任校对：王雅静　　责任印制：施胜娟

出版发行 / 北京理工大学出版社有限责任公司
社　址 / 北京市丰台区四合庄路6号
邮　编 / 100070
电　话 /（010）68944451（大众售后服务热线）
（010）68912824（大众售后服务热线）
网　址 / http: //www.bitpress.com.cn

版 印 次 / 2024年11月第1版第1次印刷
印　刷 / 三河市嘉科万达彩色印刷有限公司
开　本 / 710 mm×1000 mm　1/16
印　张 / 8.5
字　数 / 88千字
定　价 / 118. 00元（全3册）

自然史

3

人类与自然

刘月志 编著
高 帆 绘

北京理工大学出版社
BEIJING INSTITUTE OF TECHNOLOGY PRESS

《自然史》是法国博物学家布封的传世之作，布封在这本书中引用了大量的事实材料，为读者们描绘出了一个真实而广袤的世界。在那个年代，大多数人还沉迷于虚无的神话故事中，笃信世界是由超自然力量构建的，而世间万物只是神明创造出来的附属品。《自然史》用形象生动的语言刻画出了地球、人类以及其他生物的演变历史，在一定程度上破除了当时社会上盛行的迷信妄说，肯定了人类具有改造自然的能力。

在这套书中，我们将跟随布封一起来观察大地、山脉、河川和海洋，研究地球环境的变迁，感受地球生命的脉动，探索人类的本能和本性。从遥不可及的星团、星云，到微不可见的细菌、真菌，让我们从文字与插图中去感知这个瞬息万变、丰富多彩的世界。

在第一册里，我们会先来一起了解关于动物的各种知识。你知道狗和狼有什么关系吗？人类能驯化所有动物吗？雨燕和燕子、天鹅和大鹅、骆驼和羊驼究竟有什么区别呢？所有这些问题的答案都在这本书中！它将以风趣的语言描述各种动物的外形和习性，让各具特色的动物跃然纸上，令人印象十分深刻。在阅读时，你不妨也发散下思维，仔细观察身边的动物，看看它们身上有什么明显的特征。

在第二册里，我们的目光将放在各种各样的植物与矿物身上。在这本书中，我们会了解五花八门的植物，以及形态各异的矿物，学习很多关于它们的有趣知识，比如它们有什么具体的用途，产自怎样的自然环境，人类又是怎样发现它们的，等等。美丽的地球不再是造物主的恩赐，而是大自然与人类共同的杰作。地球上万物的起源与演化皆有迹可循，只是这个过程缓慢且冗长。

到了第三册，我们要探讨的内容会变得更加深刻，因为在这一本书中，主角成了你与我——万物之灵长——人类。我们将一起来探讨关于人类的各种话题：人类的成长可以分成几个阶段？人类为什么会做梦？你梦见过什么奇奇怪怪的事情？人类社会与动物社会有什么区别？在几百年前，生活在欧洲大陆的人们相信人类的祖先名为亚当、夏娃，因为他们偷吃了禁果，才有了智慧与羞耻心，但布封却大胆地质疑这个故事的合理性，阐明人类的进化并不是像宗教所说的那样，而是得益于一次又一次的劳动与实践。

在悠长的人类文明长河中，无数像布封一样的博物学家为这个世界带来了点点烛火，用看似“荒唐”“大逆不道”“特立独行”的思想，哺育了无数被旧思想扼住咽喉的人们，鼓励他们从愚昧无知的黑夜中走出来，走向更光明的未来。

翻开这套书，让我们一同感受每一个生命的尊严与灵性，无论它是否已经消逝，只留下存在过的些微痕迹；让我们一同歌颂大自然的一草一木，以及每一片旖旎的景色，无论它正经历春夏秋冬的哪一季。大自然是如此奇妙而富有想象力，真令人百看不厌，盈尺之内都是看不尽的大好风光！

目录

翻开这一页，
随布封一起
探索大自然的
奥秘吧！

当人类还是小孩儿时

每个人都是从小孩儿长成大人的，我们都曾经是襁褓之中嗷嗷待哺的婴儿。当你呱呱坠地时，你作为人类的生活就开始了，这时候爸爸妈妈的呵护对你会显得尤为重要——因为刚刚出生的婴儿实在是太脆弱了。你知道吗，在大自然中，许多动物的幼崽可是一落地就能站起来的，而足月的婴儿甚至要几个小时才能睁开眼睛。

新生儿的诞生

在人类的一生中，要说什么时候最脆弱，那无疑是我们刚出生的时候。在出生后的很长一段时间里，婴儿都无法翻身、站立、奔跑，甚至无法自由地使用自己的四肢和感官，娇嫩的他们只能依赖于别人的悉心照料才能平安地活下来。婴儿唯一能做的，估计就只有通过呻吟来表达自己的不舒服了吧！

其实，在婴儿来到这个世界上之前，他就已经开始受到母亲的精心呵护了。经过 10 个月的成长，他会在母亲的肚子里逐渐长出骨骼、内脏、肌肉、神经等，母亲子宫里面的羊水不仅

为他创造了一个舒适的环境，还为他提供了维持生命所不可或缺的营养成分。而当他来到这个世界上后，他就开始独立于母体存在，呼吸成了他要学会的第一件事情：流动的空气进入他的肺部，使他的肺泡扩张膨胀，接着肺纤维的弹力会促使多余的废气排出。虽然说呼吸运动对新生儿是非常重要的，但经过一些实验之后，我们会发现就算在一段时间内不给新生儿空气，他也不会立即死亡。

妈妈和孩子之间的联系

从怀胎到生产总伴随着母亲的痛苦，无论是十月怀胎还是一朝分娩，妊娠所带来的不适时时刻刻都在折磨着这些即将成为母亲的伟大女性。正因如此，妈妈与孩子之间的天然联系，就像是无数条坚韧的线，将他们的人生紧紧地缝在了一起。

婴儿出生后，人们会用衣服、襁褓或者绷带把他包裹得严严实实的，就像给他穿上了一件不便于行动却能保护他安全的铠甲——事实上，这些束缚的确也让他不能动来动去。为了让不具备觅食能力的婴

儿获得食物，母亲会将他抱在怀里哺乳，而珍贵的母乳中含有丰富的营养和抗体，足以帮助他顺利度过这段极易夭折的时期，变得更加强壮有力。有些动物的奶水在必要时可以替代母乳，比如羊奶——当然，你一定要特别注意这个“必要时”！

在非常时期，动物也许能承担起为新生儿提供食物的责任，但无法给予他温柔的关爱。新生儿似乎具有某种特殊的“雷达”——一旦离开母亲的身边，他就会变得非常不安，甚至大哭大闹起来。

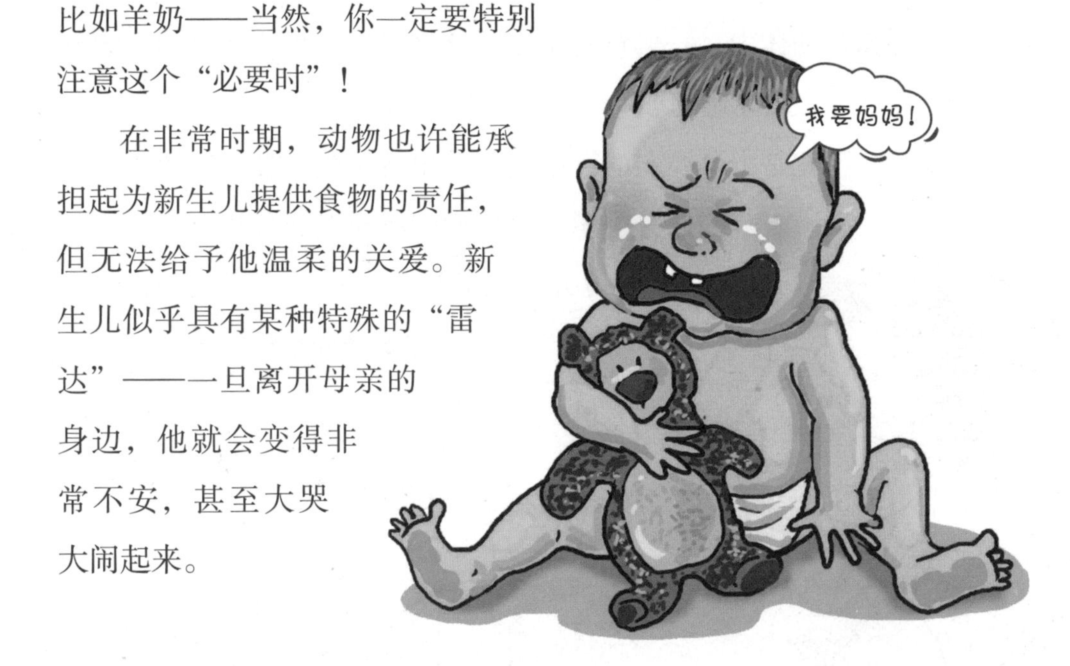

威胁婴儿生命的重大疾病

在中国有些人会将他们的孩子放到吊床上，而在欧洲人们却更愿意将他们的孩子放到摇篮里。因为孩子是一个国家真正的财富，所以每个国家的人们都会对养育孩子付出极大的耐心和超常的体力——毕竟有很多可能会导致新生儿死亡的疾病至今仍与人类如影随形。

婴儿是十分脆弱的，即使是简单地接受新食物、消化食物也有可能会给他们的肠胃造成负担。在过去，有些地方的人们因为产妇奶水不足，会给饥饿的新生儿喂一些奶与面粉的混合物，但这种黏稠的、粗糙的食物有时会让婴儿因为消化不良而夭折。

败血症是一种因病菌侵入血液循环系

婴儿生病时，得使用专门的药物哦。

统而引发的重大疾病，世界上每一年都有无数孩子死在它的手里。败血症会导致幼儿产生严重的急性全身性感染，这种疾病的主要外在表现有发烧、皮疹、淤血等。随着医疗技术的发展，如今，人类已经找到彻底治愈败血症患者的办法，只要父母能够及时发现，让孩子得到良好的治疗，那么他被治愈的可能性会非常大。当然，能杀死婴儿的远不止这一种疾病，事实上，就算只是一场小小的感冒，也有可能会引发婴儿肺部感染，导致脆弱的他夭折。

知识链接

现实生活中的“小矮人”：俾格米人

在远离中国的一个地方，那里生活着一群异常矮小的人——俾格米人。那他们到底有多矮小呢？要知道，这个民族男性的平均身高可是连 1.53 米都不到！俾格米人的发育时间特别短暂，一般在 8 至 9 岁时，他们的生理机能就已经成熟，并开始组建家庭以及生儿育女了。但正因为如此，他们背负着一段特别血腥且悲惨的历史：在过去，有些人盲目地认为食用俾格米人的某些器官可以增强体质和力量。如今，俾格米人再也无须为这种野蛮的行径而日夜担心，但现代文明的入侵，却正在一点一点地摧毁他们原始的文化和生活。

从小孩儿变成大人了

出生、成长、衰老、死亡是每个人都必须要经历的过程。在这说长不长、说短不短的近百年间，我们会从流着鼻涕的小屁孩儿，逐渐成长为能独当一面的大人，最后变成白发苍苍的老头儿或者老太太。也许你已经听很多人聊起过他们是如何长大、衰老的。然而，当他们谈论起这些事情时，到底在谈论什么呢？

身体上的那些变化

大人与孩子之间的明显区别会在青春期阶段展现出来，这些区别不仅仅

人老了，腿脚
也不好使了。
人总是要衰老的，
这是自然规律。
爱心医院
我长大了，
爷爷也老了。
青春总是
短暂的。

只是表现在身体的变化上，思维也会随之发生一系列的转变。长大成人的男孩儿会长出汗毛、胡子和喉结，他们浑身的肌肉也会跟着变大、变强壮；长大成人的女孩儿会经历月经来潮，拥有更加丰满的胸部，具备怀孕生育的能力。处在成长风暴中的孩子，在第一次面对身体上的这些变化时，或多或少在精神上都会受到一些冲击，但这些冲击并不会持续太久，因为他们很快就会发现：原来这个神奇的发育过程是每个人都要经历的，并且无论他们的个子高或矮、体形胖或瘦、皮肤白或黑，其实都是再正常不过的事情。

等到少男少女们的青春期完全结束时，他们在通往长大成

人的道路上就更进了一步，但他们这时候并不能称为真正的大人，因为在思想上，他们还将继续迎来一次又一次更加成熟的转变。

大人的所思所想

成年的人类与其他生物有着本质上的不同，比如我们拥有细腻的表情来表达自己的感受，有聪慧的大脑可以调动和协调我们的感官系统；我们懂得思考与反省，愿意承担相应的社会责任。但说了这么多，我们也不能不去关注在这些光芒之下的阴影。在现实生活中，其实每个大人都在自己的人生轨迹上起起落落，兀自品尝着世间的酸甜苦辣，大

人的世界并不见得就是自由的、美好的。很多时候，大人也会犯错，比如很多人都曾顽固地以貌取人，却不知道服装只是穿戴者展示自己性格的一部分。

当然，这只是人类所犯下的一个小小的错误，在见识过历史上诸多丧失人性的可怕习俗后，所有人都应该深知迷信、成见和愚昧无知才是人类的大敌。在黑暗社会环境下的那些恶俗，不仅摧残了很多人的健康和躯体，也是对人性与良知的践踏。但令人矛盾的是，这些糟粕竟然和人类所具有的诸多美德一样，都是从人类的思想中诞生的！

知识链接

沉睡在冰山上的少女：胡安妮塔

秘鲁有一座曾被古代印加帝国视为神山的火山，名为安姆帕托山，在 20 世纪 90 年代中期，一支科研考察队在这座山的山顶偶然发现了一处被冰封的墓穴，而沉睡在此处的正是日后震惊世界的“胡安妮塔”——一具保存了大约 500 年之久的少女木乃伊。经过一番辛苦的挖掘作业后，考察队员发现了胡安妮塔，她看起来只有十几岁，身材矮小，有着一头黑色的长发，身披一袭羊驼毛披肩，身体多处都受到了严重的伤害。他们由此推测，这位被冰冻的少女极有可能是当时部落祭祀的牺牲品。

必然的衰老与死亡

在大自然中，没有什么东西是永恒存在的，人类也逃脱不开自然规律的束缚，必定与其他生物一样会变化、

会消亡，最后归于尘土。那么，衰老到底是从什么时候开始的呢？其实，当我们的身体发育成熟、达到顶峰后，它的各项机能就已经开始衰退了，只是有时我们根本感觉不到。这是因为衰老是个漫长的过程，往往需要很多年的时间，我们的身体才会表现出比较大的、容易察觉到的一些变化。

死亡也并不如我们想象中的那么可怕，只是我们太过畏惧它，把它想得过于坏了。死亡和出生一样，是每个人都必须要面对的事情。所以，不必太过悲伤，更不必将死亡视为无处不在的可怕幽灵，我们应当更加勇敢而智慧地看待它。要知道，虽然有些人的生命到达了尽头，但他们永远都是人类历史的一部分。

变化丰富的表情

当人们大笑时，他们的嘴角会上扬；当人们大哭时，他们的眼泪会扑簌簌地往下掉；当人们烦恼时，他们的眉头会紧紧地挤成一团。这些都是表情。我们习惯把那些能够表达情感、情绪变化的，在面部可观察到的动作或状态称为表情。有研究表明，表情会出现在大多数哺乳动物的身上。在生活中，你观察过别人的表情吗？

哭泣与大笑

人类的情感表达很丰富，除了语言，我们的肢体和面部表情也能表现出我们内心正在发生的事情。

比如，当我们不得不面对一些令人遗憾的事情时，我们的身体会出现一阵颤抖或抽搐，我们的呼吸速度会加快，有时我们还会因为内心的悲伤而进行反复叹息，而当内心的痛苦累积到极点时，眼泪就会从我们的眼眶中流出来。

除了眼泪，笑容也常常会出现在人们的脸上。你听过别人的笑声吗？那是种断断续续的、

听起来比较突然的声音，它来自我们的腹部，因上腹肌肉急剧起伏而产生。所以，你能理解为什么会“笑得肚子疼”了吧？为了便于将笑声放出来，人们在笑的时候通常会将嘴巴向两边张开，让脸颊收缩、鼓起。笑容一般象征着内心的赞赏、满足、亲善和感激等正面情绪，但有时也代表着对他人的轻蔑、不屑、嘲讽或者愤怒等情绪，比如冷笑。

人的五官与表情

我们的五官会根据我们外露的情绪发生一些变化，比如当我们变得激动时，我们的眼睛会突然鼓起来，让人看了会觉得

它张大了；当我们哭泣时，我们的嘴巴会微微张开，眼睛在流泪的同时，泪水也会进入鼻子并断断续续地流淌下来；当我们感到失望、悲伤时，我们的嘴角会不自觉地下垂，这会让我们的脸看上去像被拉长了；当我们受到惊吓、感到恐惧时，我们的眉头会微微皱起，眼睑会睁大，嘴巴会打开；当我们想要嘲笑别人时，我们的脑袋会微微地向后仰，让我们的眼睛看起来就像是半眯着在俯视些什么似的。总之，多亏了我们脸上长着五官，这让我们能够更加清晰地表达自己的情绪。

当然，除了五官，我们身体的每一部分也都能传递一些

情感，比如臂膀或者手。你可以回想一下，当一个人感到非常高兴和兴奋的时候，他甚至会手舞足蹈起来。

以貌取人是不对的

情绪可以说是独立于我们意志之外的。为什么要这么说呢？因为意志是为了帮助我们达到某种目的而产生的精神状态，它受到我们思维的控制，但情绪是我们内心的活动，是由很多种感觉、思想和行为混合在一起而产生的心理和生理状态，它大部分都与我们的意识表现相关联。在之前我们就提到过，我们可以通过一个人的面部运动来判断他的内心活动，窥探他此时此刻的所思所想。

在古代，很多民族都曾流行一种占卜术，就是根据一个人的相貌来评判一个人的作为。现在看来，这未免太过武断了，因为他们所见到的只是人在那个时刻的相貌，又怎么能借此来评价他为人处世的好坏呢——一个相貌丑陋的人，也可以拥有一颗纯粹而美丽的心灵。如果有人一味笃信那些占卜师所谓的相面术，那还真是件很荒唐的事情。

知识链接

微表情会泄露人的真实感受

我们在这一章节详细地分析了人的表情。但你知道吗？在心理学中还存在一种特别的表情，那就是微表情。心理学家将人们那些一闪而过的、通常连自己也察觉不到的表情称为微表情，它们一般只会持续二分之一秒，甚至更短。心理学家认为微表情会泄露一个人心底最真实的感受，比如人们试图压抑或者隐藏起来的高兴、悲伤、愤怒、厌恶、恐惧、惊讶、轻蔑等情绪，这是因为微表情往往是人们凭借本能而无意识做出来的脸部动作。

什么是人的本性？

这个世界上生活着数以亿计的人，想要一一认识和了解他们中的每一个，绝对是件不可能完成的事情。但只要是人类，就一定会有相通的地方，比如我们都具有人的本性——人类所拥有的最原始、最基础的性质或个性。它可以被一分为二，一种是有形的物质的，是必然会消亡的；一种是无形的非物质的，是永远都将存在的。

认识和了解我们自己

想要进一步认识和了解你自己，除了关注外在的、能看得到的那些东西，还要去重视你身体里面那些丰富的、无形的内在感受。在日常生活中，因为我们已经对这种感受的存在习以为常，甚至将它与其他感官所带来的感觉混为了一谈，所以我们会很容易忽视它带给我们的特殊影响。那么，这种感觉到底是什么呢？你可以简单地将它理解为人的欲望。

在《圣经》中记录了这样一个残忍的

故事，一个名为莎乐美的妙龄少女因没能得到心上人的回应而恼羞成怒，进而设计借希律王之手杀害了自己的心上人。在这个故事中，莎乐美为爱与占有的欲望所左右，最终摒弃了善念，将处理问题的方法变得如此极端。

欲望是由人的本性产生的想达到某种目的的要求，它与人

的本性共生共存、水乳交融。从本质上来说，欲望和人的本性一样并无善恶之分，因为它是一切动物存在必不可少的需求——你可以想象一下，如果失去了求生的欲望，那么一切生命都将走向灭亡。所以，对于欲望，真正重要的在于我们应该如何控制并利用它。

人的本性与本能

提到本性，相信你很快就能想到另一个与它很接近的词，那就是本能。本性是指先天就存在的性质或个性，而本能是指

知识链接

马斯洛的需求层次理论

马斯洛是美国著名的社会心理学家，他在《人类激励理论》一文中提出了颇具影响力的需求层次理论。在这个理论中，马斯洛将人类的需求层次从低到高分为五种，分别是：生理需求、安全需求、社交需求、尊重需求和自我实现需求。简单来说，就是一个人只有在吃饱喝足的情况下才会考虑别的事情，比如自身的安全，以及得到别人的爱和尊重等。当一个人十分饥饿时，那他的全部注意力都将集中在获取食物这件事上，其他需求就显得不那么紧迫了。当然，人的心理是非常复杂的，就算只窥探一二也是一件难上加难的事，因此马斯洛的这条理论也并不能说就是完全正确的。

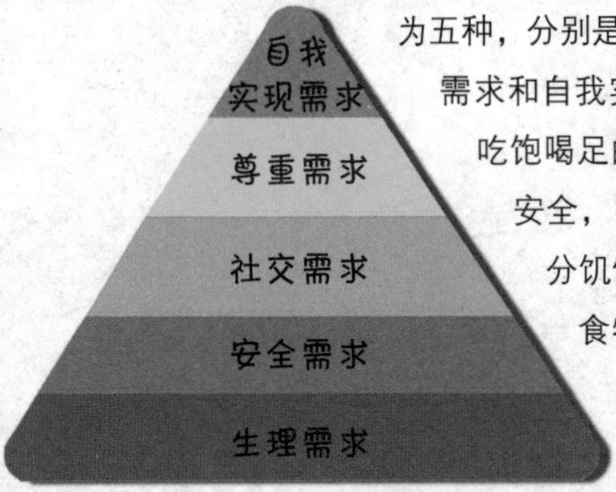

一些不需要经过大脑思考的自发的能力，比如我们饿了要吃饭，渴了要喝水，冷了要穿衣——它是人类为了活下去而产生的最原始、最基本的能力。虽然人的本性有物质方面与非物质方面的区别，但它们浑然一体，给了人类整体向善与反思的原动力。就像是太阳的光芒有时虽然会被浮云遮蔽，但太阳不会因此失去它本该有的力量，依然能给予我们指引，减少我们周围的黑暗，避免我们迷失方向、误入歧途。

实际上，本能是动物共有的东西，为了活下去，狮子、老虎、兔子等也会和人类一样，热衷于寻找充足的水源和食物。但是，无论其他动物进化得多高级，它们始终都无法拥有完整的“本性”，因为它们不具备和人类一样的思考能力。

纵观世界历史，不仅在中国古代，我们的先贤们曾因“人性本善”还是“人性本恶”而展开激烈的辩论，在欧洲艺术史上亦有很多艺术家曾就人的本性进行过深刻的思考与精彩的创作。人的本性是大自然馈赠给我们的礼物，它赋予我们能够审视自身及周边环境的能力，而这种能力会不断促使新的艺术形式和哲学思想生根萌芽，继而长成参天大树，庇荫人类文明发展的不同阶段。

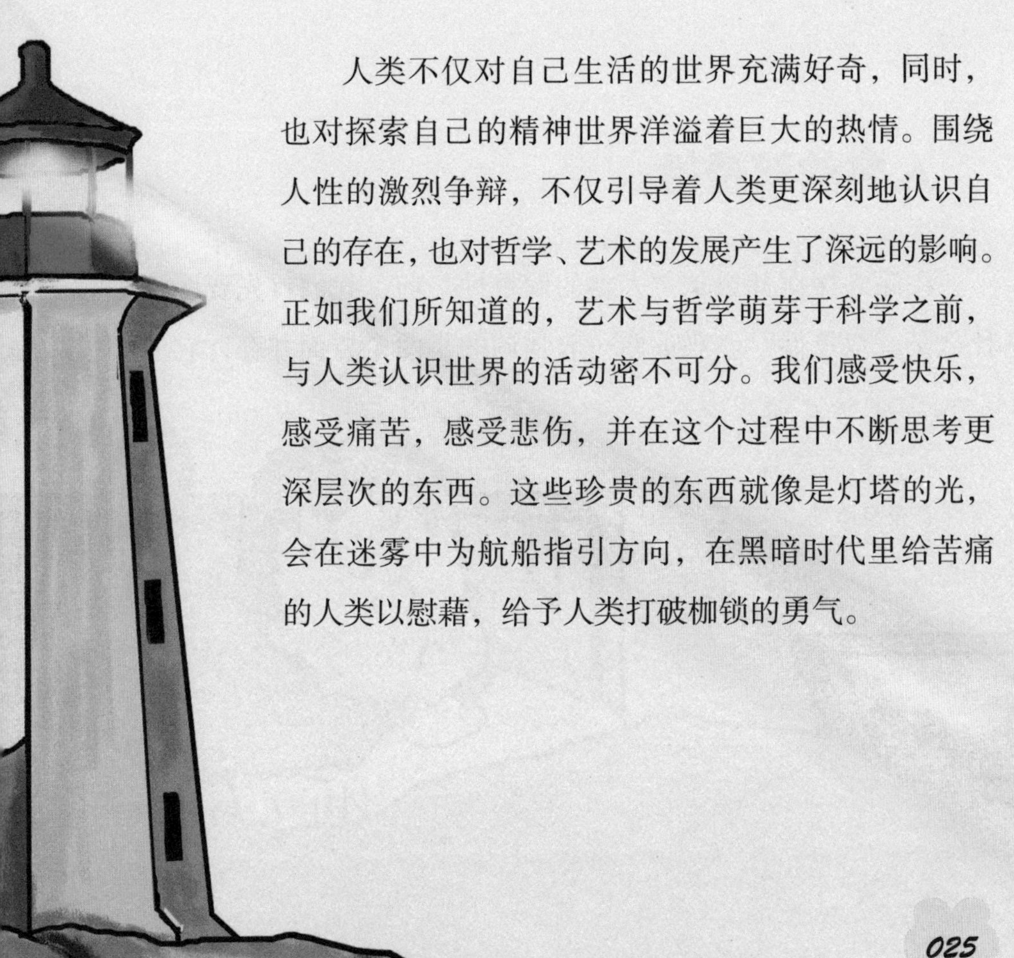

人类不仅对自己生活的世界充满好奇，同时，也对探索自己的精神世界洋溢着巨大的热情。围绕人性的激烈争辩，不仅引导着人类更深刻地认识自己的存在，也对哲学、艺术的发展产生了深远的影响。正如我们所知道的，艺术与哲学萌芽于科学之前，与人类认识世界的活动密不可分。我们感受快乐，感受痛苦，感受悲伤，并在这个过程中不断思考更深层次的东西。这些珍贵的东西就像是灯塔的光，会在迷雾中为航船指引方向，在黑暗时代里给苦痛的人类以慰藉，给予人类打破枷锁的勇气。

人类为什么有烦恼？

令人遗憾的是，世界上也许根本不存在完全没有烦恼的人。无论身处什么时代，又或是什么地方，烦恼似乎总是与人类如影随形。在生产力不怎么发达的时候，人类为贫苦、疾病、饥饿、寒冷所困；在科技高速发展的现在，人类又因环境污染、生态危机、战争纠纷、资源枯竭而深感头疼。唉，为什么人类的烦恼总是没完没了呢？

人类的双重性

在深入探讨什么是“人类的双重性”前，我们首先要明确什么是“双重性”。双重性一般强调的是两个方面并存，它们

处于同等的地位上，没有高低贵贱之分。人类具有双重性，是说在人类的内心深处常常会受到自身的兽性与神性相冲突的折磨，这种折磨充满了深刻的矛盾，你也可以把它们想象成“情”与“理”、“灵”与“肉”、“道德”与“本能”之间无声却激烈的对抗。当这种内心的冲突无法化解时，人们就会陷入痛苦与迷茫之中，产生烦恼。

我们可以设想这样一种场景，来形象地理解一下我们刚才所说的那些：当一个小孩儿远离了老师的监督，他会像那些动物的幼崽一样，漫无目的地、毫无计划地玩耍和运动，这是因为他所做的决定都是不加考虑、随心所欲的，他的内心并没有受到纪律、道德、秩序等的约束；不过，有时他也会强迫自己装出一副规规矩矩的样子，让自己的行为看起来是受控的，但这绝非他的本意，他只不过是想向外界证明自己记住了别人教育他的话，得到了与别人交流后的思想。综上可见，因为小孩儿依仗的是本能和天性来行事，不需要考虑太多别的因素，所以他们要比大人更无忧无虑。

坦然地接受衰老与死亡

每个人对幸福都有自己的定义，比如有些人就将青春和长寿视为人生中最大的快乐，因此他们会特别惧怕衰老与死亡的来临。还记得我们之前说过的，其实衰老在一个人的壮年时期就已经开始了。健康的人是不会一下子就老去的，因此有些盼望青春永驻的人便会对不知何时到来的衰老而心生怨怼。换句话说，在他们心中已经下意识地认为，拥有青春才等于拥有幸福。

一匹10岁的小马看见一匹50岁的老马仍在工作时，是不会产生老马越来越接近死亡这种想法的。这么一看，在大自然中，似乎只有人类才会对衰老和死亡产生恐惧。这种恐惧有时甚至会影响到一个身体很健康或者年龄并没有很大的人，给他们增添许多不必要的烦恼，让他们变得很悲观，在心里不停地惦记着最后一天的到来。悲观是幸福的大敌，当一个人只

能感受到痛苦时，那他的心理一定会出问题。

适可而止与贪得无厌

幸福的标准有很多，有人认为幸福是吃饱穿暖，有人认为幸福是坐拥金山银山，更有人甚至认为幸福是剥夺别人有的、守卫自己有的。我们常常会讨论到“满足”，从字面意义上来讲，满足就是感到已经足够了。但是，这个标准实在是太难拿捏了，因为每个人对事物和自身的看法都各不相同。就像前文中讲的那样，有些人畏惧衰老和死亡，他们拼了命地想要延长自己的青春时光以及寿命，并在心里间接否定了高龄人群的幸福感。

事实上，对于老人来说，他们虽然不再拥有健康而强壮的体魄，但这并不妨碍他们在精神上有所收获。有人曾询问当时已经95岁高龄的法国哲学家封德奈尔，在他一生中最遗憾的20年是哪个阶段，他回答

说，令他感到遗憾的事情很少，但如果说他最幸福的时候是哪个阶段，那一定是55岁到65岁之间。

我们不必将死亡看作一大痛苦，也不一定要认为其微不足道。当我们努力揭开死亡的“神秘面纱”时，我们会随之发现人类的很多烦恼其实都来自自身的不知满足。新旧更替是大自然中的常态，杞人忧天无法解决任何问题，只会令人徒增烦恼。希望读到这里的你，可以在自己的人生中找到真正的乐趣与幸福。

知识链接

藏在身体里的心理疾病

有些疾病会表现在人的身体上，而有些疾病却会藏在人的身体里面，不易被察觉到，比如心理疾病。心理疾病又叫精神心理障碍，它不像其他疾病一样有客观的诊断指标。心理医生通常会根据病人的主观感受或者一些特殊行为来判定他的病情，比如患有尖锐恐惧症的病人会非常害怕尖锐的物体，患有抑郁症的病人则有时会表现得十分焦虑、忧郁、紧张。心理疾病的种类非常多，它们的表现也是不一样的，甚至是因人而异的。严重的心理疾病可能会让患者失去维持正常生活的能力。目前，我们还没有找到心理疾病产生的根本原因，但有些科学家认为这是由脑部病变引起的。

什么是人类的感觉？

感觉是摸不着、碰不到的一种东西，但你清楚地知道它真实存在于你的身体里：触摸尖锐的东西会令你感到疼痛；咬一口蛋糕会令你的嘴里充满甜味儿；杂乱无章的噪声会令你的耳朵感到不舒服……来源于身体的视觉、听觉、嗅觉、味觉等，都属于人类最基础的感觉。感觉丰富了我们对世界的认知，带给了我们生活的乐趣。

被笔尖扎一下有这么疼吗？

感觉给我们带来了什么？

来想象一下，在创世之初，出现了这么一个人，他身体上的各个器官都已经成形，但是他对自己身边的一切都不熟悉，那么他最开始会做些什么样的活动和判断呢？他会产生什么样的感觉呢？如果他可以和我们对话，他又会想对我们说些什么呢？也许他会忍不住对他身边的所有事物都产生强烈的好奇心，他会因阳光太过耀眼而感到眼睛刺痛，因生机勃勃的大地而感到快乐万分。然而，这一切都必须建立在他有了感觉的基础之上。

但是，感觉并不总是忠于我们的身体，比如人在某些特殊环境中会产生幻觉，能用眼睛看到不存在的东西；感觉也不会完全遵从我们的内心，比如一个盲人无论多么渴望，他都不可能感知到彩虹的存在。现在你知道了吧？感觉其实是会背叛我们的，因此有人认为，触觉是为了矫正其他感觉而存在的，它

知识链接

什么是直觉？

除了味觉、嗅觉、听觉、视觉、触觉这些耳熟能详的认知能力，人类还拥有一种奇妙的直觉。严格来讲，直觉是不经过分析、推理的认识过程而直接快速地进行判断的认知能力。也有一些人称它为“第六感”。很多人相信直觉可以帮助人们预知未来，甚至“通灵”，但实际上，通过直觉产生的想法，只是人脑在已有经验的基础上做出的快速判断而已。

可以帮助我们获得更加完整而真实的认识。

试想一下，前文中我们提到的那个人，在他的人生中第一次见到了日落后的世界，在一片伸手不见五指的黑暗中，他努力试着观察却无济于事，他会因此畏惧吗？我想不会的，因为他看见过、听到过、触摸过，所以当一些感觉丧失时，他并不会认为自己与这个世界失去了联系，他仍能确定自己和这个世界都真实地存在着。我想，这就是大自然赋予人类感觉的意义。

感觉到底是什么？

说了这么半天，我们还没有给感觉下个准确的定义。从学术上来说，感觉是人脑对直接作用于感觉器官的客观事物个别属性的反映，一切较高级、较复杂的心理现象如思维、情绪、意志等都是以感觉为基础的。读完这么一大段话，估计你已经蒙了吧？没关系，我们从中挑出几个关键词来分析一下：大脑、感觉器官、客观事物和反映。

对于绝大多数动物来说，大脑是身体当之无愧的指挥中心。人类大脑的复杂程度更是远远超过了其他动物的大脑。在过去，本书的原作者布封认为人类的大脑只承担着分泌和提供营养的责任，它既不是情感中心，也不是感觉中枢，但经过多年的研究，人们发

知识链接

神奇的多巴胺

多巴胺与人的感觉、情绪密切相关，它是一种非常了不起的激素。它由人的大脑内部分泌，担任着传递脑内信息的重要角色，它能使人产生兴奋感，让人变得开心和幸福。一旦多巴胺在传递过程中发生异常，人就会很容易出现情绪障碍，进而导致人过度低落、悲观，甚至想结束自己的生命。多巴胺是人体自身制造并释放出来的一种化学物质，有些科学家认为人之所以会有各种上瘾行为，也与多巴胺的分泌有着很大的关系。

现事实恰恰与他所想的完全相反——大脑与我们的感觉密切相关，它甚至垄断了整个身体的信息处理工作。

比如，当我们听见一首歌曲时，光靠耳朵是判断不了它是不是好听的，只有经过大脑处理，我们才能知道“歌曲好听”这条信息。但是，耳朵也并非不重要，它们作为感觉器官，会帮助我们做很多事情。

感觉器官，正如它的字面意思所示，它是人体对外接收、传递、转化的器官。感觉器官可以根据其不同的功能分成两类：一般感觉器官和特殊感觉器官。一般感觉器官是那些能感受温、痛、触、压等刺激的器官，比如皮肤、关节、肌肉、内脏、血管等，它遍布在我们身体的各个部分；特殊感觉器官则是那些能感受光线、声音、位置、味觉等的器官，比如眼、耳、鼻、舌等，它们的数量要远远少于一般感觉器官。

而客观事物说白了就是那些有别于思想的、真实存在的外界事物，它们不会因为我们把它们想象成什么样子，就变成什么样子。至于反映，简单来说，就是我们把客观事物以观念的形式再现到脑海中的过程，就像是拍电影一样。只不过我们的大脑一口气完成了摄像机、录音机和存储硬盘等的所有工作。

现在，回头再来看一眼感觉的定义，是不是清楚很多了？

当人类做了一个梦

你还记得自己做过什么梦吗？在梦里，我们似乎是无所不能的，可以在天上飞、在海里游、在地上跑，甚至会化身为厉害的勇士，挥着宝剑与各种各样的怪物尽情战斗。心理学认为梦可以反映出一个人的精神状态，不管是美梦还是噩梦，我们梦见的事件或者场景往往来自我们已有的认知和记忆。

梦，是我们模糊的记忆

做梦的素材或多或少都来自我们自身的体验，这是毋庸置疑的事情。但是，如果你认为梦里发生的一切必然和现实生活有着清晰的联系，那就大错特错了。事实上，在梦中我们并没有概念，只有感觉——你可以回忆一下，是不是梦里的世界总是乱七八糟、没有逻辑的？但是，你却能感觉到梦里的自己是

快乐的、悲伤的还是郁闷的，甚至在没有真实受伤的情况下能感受到疼痛。浪漫一点儿说，梦应该是搭建在现实生活之上的空中楼阁。

本书的原作者布封认为，人的记忆可以分为两种：第一种记忆是我们观念的痕迹，第二种则是模糊的记忆。前者比后者要完整、完善许多，后者更倾向于我们内心感觉的新旧更替。

实际上，做梦并不是人类专属的活动，一些兽类也存在着这样的行为——前提是它们存在着记忆。比如，一只狗会在沉睡中发出吠叫声，尽管这些声音非常模糊低沉，但我们仍能从中区分出是捕猎的声音、愤怒的声音，还是哀怨的声音、乞求的声音，等等。

梦境与现实生活

梦是个非常神奇的存在。一些人甚至会将它视为超自然力量对我们的一种指引，比如在中国古代，我们的祖先就曾相信神鬼是可以给人“托梦”的。还记得当你从梦中醒来时的感觉吗？有时候，你会非

常清楚地记得自己做过什么梦，这是因为此刻的你还能回想起刚刚在梦里的感觉。

动物是无法区分梦境与现实的，这和人类有着本质的区别，人类有能力分得清哪些是虚幻的感觉，哪些是真实的感觉，这多亏了我们在拥有记忆的同时，还存在时间观念。时间观念是一种能观察、感知到时间的能力。不具备这种能力的动物是无法判断时间是否在正常地流逝的，因此它们自然也就无法分辨出梦与现实的那条边界线。

有人说，想象力越丰富的人做的梦越稀奇古怪。想象力是我们内在的一种能力，之所以说是内在的，是因为我们无法单靠想象力去创造出那些能摸得着的事物。但是，想象力可以给予我们比较事物并产生观点的能力，使我们有能力表达我们的感觉，描绘我们的情感。那些闪耀在人类历史上的天才，无一

不具有超越寻常人的想象力，这也是人类具有高等智力的一种体现。不知道这些天才都做过什么稀奇古怪的梦呢？

来认识一下西格蒙德·弗洛伊德

在对梦的研究领域中，如果说有谁的影响力超过了西格蒙德·弗洛伊德，那一定是不可能的！西格蒙德·弗洛伊德是奥地利著名的精神病医师、心理学家，也是精神分析学派创始人，他曾出版过轰动一时的心理学著作——《梦的解析》，并首次提出梦来自人的潜意识，而不是人们偶然形成的一种联想。西格蒙德·弗洛伊德认为梦可以揭穿人们隐藏在内心深处的欲望，

梦给了艺术家达利丰富的灵感。

他的这种观点对20世纪的文学创作和艺术创作都产生了相当大的影响，并引发了此后众多心理学派对梦的意义的激烈讨论。

人为什么会做梦？为什么人醒来后总是容易忘记做过的梦？为什么我们没见过的事物和场景会出现在梦境中？梦是身体在向我们暗示什么？从西格蒙德·弗洛伊德的时代至今，这些关于梦的问题仍没有准确的答案，也许要等到未来的某一天，当我们对人类大脑的研究更进一步时，梦才会自己揭开神秘的面纱，让我们得以一窥它的真容吧！

知识链接

荣格与弗洛伊德的不解之缘

荣格与弗洛伊德一样都是闻名世界的心理学家，二人的不解之缘更是一直为人们所津津乐道。1900年，44岁的弗洛伊德出版了《梦的解析》一书，这标志着精神分析理论基础的建立。1903年，荣格惊喜万分地发现，他所做的研究竟然与这本著作中的理论有诸多相似之处。于是，从1906年开始，荣格与弗洛伊德的友情逐渐升温，二人频繁地互通起信件来。但遗憾的是，这段旷世的友谊并没能持续多长时间。1913年，荣格与弗洛伊德彻底分道扬镳，并创立了属于自己的心理学理论体系。

我邻居家的孩子昨天考试没及格！
哎哟，今天下班这么早啊，去没去市场买菜呢？
我跟你说，我昨天晚上真看见外星人了！
人类总是喜欢聚在一起！
快来追我啊，这次该你来抓我了！

人类社会是怎么形成的？

在你的一生中，你将会遇到很多不同的人，比如你的邻居、老师、同学、朋友、亲戚，以及许多与你只有一面之缘的人。为什么你的身边总是有其他人存在呢？为什么你不能离开人群去生活呢？为什么你会想要融入集体呢？当你下意识地去思考这些看似无关的问题时，实际上都是在探寻同一个东西：人类社会。

野蛮人与人类社会

人类与动物的区别之一，在于人类具有社会性。这里你肯定要问了，之前我们提到过有些动物也具有社会性，那为什么这一点还会被算作二者之间的区别呢？这是因为与人类相比，它们的社会性还不够高级。人类的社会性很复杂，包括了成员之间的交流、等级制度，

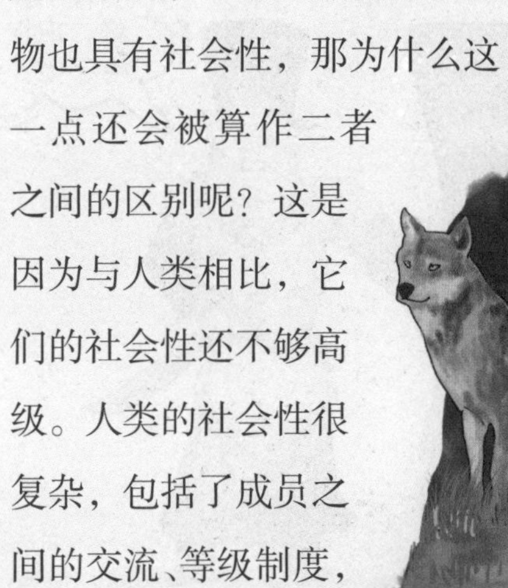

以及国家观念、民族观念的建立等因素。

而相对的，即使是有社会性的动物，它们也无法像人类一样制定维护社会稳定的法规，并积极地去遵守，创造自己的语言和艺术，与不同的民族进行交流，向其他人传播自己的思想。当然，人类的社会也是一点一点建立的，在很久之前，我们的祖先也曾像动物一样野蛮地生活。

也许你曾听到过很多残忍的故事，比如现在仍存在一些未开化的民族，他们中有些人会以摧残敌人或是敌人的后代为乐，但这些只是极其特殊的案例。事实上，这些缺乏法律意识、社会文明概念的民族甚至连民族都算不上，他们只是杂乱地聚集

在一起的群体，更遑论去形成一个稳定的社会。一个社会的结成需要法律、道德的约束，成员们都要走向同一个目标，拥有共同的利益，这样作为整体的社会才不会毫无理由地分崩离析。

当然，我们也没必要对野蛮人的行径大肆批判，或对他们的风情大肆渲染，反而更应该去认识他们所展现出的最原始的、最真实的本性与欲望。在人类社会中，正因为我们时时刻刻受到教育和艺术的熏陶，所以我们很难将大自然赋予我们的东西与在人类社会中后天习得的东西加以区分。有人认为，除了一些无法认同的残忍行径，在野蛮人的身上同时存在着温柔、平静与满足，他们的美德实际上要远远多于文明人——真正的邪恶只存在于人类社会中。

原始社会与文明社会

有人说人之所以聚集在一起生活，是因为受到寒冷、饥饿、猛兽的威胁。但实际上不论处在什么样的状态下，人类都有形成社会的倾向，这一点不受气候条件等外在因素的影响。从学术上来说，我们将在特定环境下共同生活的生物能够长久维持的、彼此不能够离开的相依为命的一种不易改变的结构称之为社会。

你有想过吗，为什么有那么多人认为真正的邪恶只存于人类社会呢？在原始状态下，道德存不存在对原始人来说并无关系，他们感受不到所谓的“不幸”，因为并无“幸福”的对比——他们的生活中不存在奴役、声色、享乐；他们困了就睡、饿了就吃，不需要过度地思考。但话又说回来，如果生

知识链接

什么是公民？什么是人民？

在日常的新闻节目中，你一定听到过“公民”和“人民”这两个称谓，那你知道这两者有什么区别吗？首先，公民和人民的概念是不同的。公民是法律概念，人民是政治概念。具体来说，公民是指具有某一国国籍，并根据该国法律规定享有权利和承担义务的人；而人民是指以劳动群众为主体的社会基本成员。其次，公民和人民涵盖的范围是不同的，公民涵盖的范围要比人民的大，那些依法被剥削政治权利的人和敌对分子都不能被称为人民。

活在社会中的文明人也像他们一样混日子，麻木自己的灵魂，禁锢自己的思想，那么我们和组成大自然的其他部分又有什么区别呢？由此可见，社会的存在是人类创建文明、发展文明的重要保证。

既然存在社会，那么就一定存在社会关系——它包括个体之间的关系、个体与集体之间的关系、个体与国家之间的关系。接下来，我们就来具体说一说建立在人类社会之上的社会关系。

人类社会与家庭

家庭是组成人类社会的不可小觑的“细胞”之一——它与人类社会绝对不能分割。除非曾经的人类与现在相比，具有飞快的成长速度或是不一样的身体结构，不然人类不需要家庭也能生存的观点显然是不可能成立的。在前几个章节中，我们详细地描述了刚出生的人类有多脆弱，如果失去了亲人的照顾与救助，他们就会轻易死去，这和那些只在母亲身边生活几个月就能独立的动物完全不同。由此可见，人类只有在社会中才能繁衍。即使那些生活在偏远地区的野人，也会组成家庭，父母与孩子之间相互照料、相互眷恋。

家庭的存在，也给了人类熟悉彼此手势、姿态和声音的机会，帮助社会成员之间相互传递自己的感情和需要。在历史上，我们曾发现一些被动物养大的孩子，他们在绝对孤独的状态下（缺

少人类同伴）长久地生活过后，不仅不会使用手势和语言，他们的头脑中也不会出现任何关于社会的概念。

社会是以大自然为基础而建立起来的，它不仅包含人类，还包括生产资料，比如土地、工具、原料等。很多个小家庭聚集起来可能会发展成一个部落，一个部落不断壮大可能会形成一个民族，而一个或几个民族在一起就可能建立一个国家。人类形成社会这种组织形式，有很大一部分原因是为了增强自己与外界斗争的力量，来保护自己赖以生存的生产资料不被掠夺，从而使处在一个整体中的不同个体能够有更多的机会生存下来。

人和野兽有什么不同？

人类也是一种哺乳动物，但我们显然要比其他动物高级得多——这不仅是因为我们有聪明的头脑，还因为我们有丰富而充盈的情感。人类作为一种动物，也会有求生的欲望，我们渴望食物、水源以及栖身之地是天生的，但我们所具备的能力却是别的动物所望尘莫及的——我们能创造出美好的事物，也能毁灭掉美好的事物。

人与野兽之间的界限

在本书的原作者布封身处的那个年代，很多人笃信神对人类有着至高无上的控制权，但是在布封眼里，他认为人力的重要性被远远低估了——人类具有超乎寻常的智慧与力量，这使我们得以区别于其他动物，成为高一级的存在。

语言是人类用来表达自己所思所想的重要工具，然而俯瞰整个地球，却没有其他任何一种动物发展出了与之

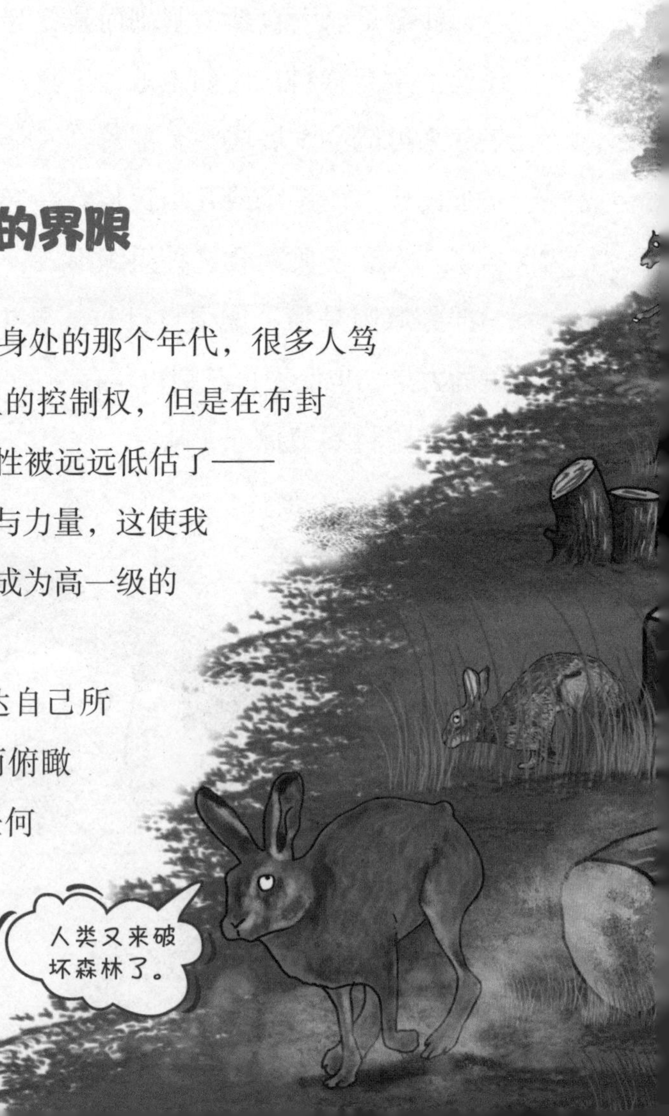

类似的信息传递系统。当然，有些动物之间也会通过叫声来传递信息，比如鲸鱼、狼、狗等，但这些与人类的语言相比有着云泥之别。

在大自然中，我们很容易就能找出一些动物，只要我们愿意花费时间并有耐心就能教会它们说话，甚至念出一些很长的

句子。但是，正如你所知道的，无论我们怎么努力，都无法让它们理解这些话所代表的实际意义。要讨论起其他动物为什么没能发展出语言，其具体原因说上三天三夜也说不完，但其中至少有一点是肯定的：它们并不缺少发音的器官，而是缺少思想。实际上，野兽的脑袋里不会出现任何有秩序的、条理性的、连贯性的东西。

人的思想很珍贵

正因为动物不能思考和说话，所以它们很难发明出什么东

西来。也许此时你会想反驳我，说有些动物创造出了工具，比如猩猩就会用小树枝来捕食蚂蚁，但这和我们所说的“发明”差得有十万八千里那么远！我们可以试想，如果某些动物真的具备一些思考能力，那么它们发明创造出来的东西一定会比它们祖先创造的更复杂、更先进，而绝不会一直重复着相同的套路。打两个比方：如果河狸会思考，那么它们现在搭建的巢穴一定是早先的河狸不曾搭建过的，它们会选择新的建筑材料，或者更好

人类共同的祖母——露西

在20世纪70年代，考古学家在埃塞俄比亚发现了一具阿法南方古猿的骸骨，并为此化石取名为“露西”。露西不仅是人类最为著名的女性祖先，她的发现也进一步证明了“人类起源于非洲”这一假说。经过多番考证，人们认为露西曾生活在距今大约318万年的时代，她身高约1.1米，是一位既能直立行走又会爬树的女性猿人。并且，人们根据化石上所呈现出的损伤，推断出她极有可能是因为不小心从树上跌落而摔死的。迄今为止，露西是世界上历史最悠久、保存最完整的古人类化石之一，也是人类古生物学发展过程中名副其实的里程碑。

哎哟喂！

的建筑方式；如果蜜蜂会思考，那么它们的蜂巢一定会随着时间流逝而不断地完善，而不是和几百年前的一模一样。

那么人类呢？我们创造出来的东西，即使在同一个时代，

也会因创造者的不同而出现不同的模样。可以这样说，对于我们来说，比起创造出各具特色的东西，一模一样地去复制别人的东西反而是更加困难的。因为我们懂得思考，我们的脑袋里充满了自己的思想，与任何一个人的都不一样。

在有思想的动物与没有思想的动物之间，不存在任何一种中间动物。假若有一天人类失去了宝贵的思想，那么我们与那些依仗本能生存的野兽之间的差异也将趋近于无。

宇宙是怎么形成的？

地球很大，我们穷尽一生也无法将自己的足迹烙印在它的每个角落；地球也很小，它只是太阳系中的一颗小小的行星，与茫茫的银河系相比更像是一粒不起眼的尘埃。宇宙之大，是我们无法想象的！宇宙诞生之初是什么样的呢？人类为了了解宇宙又做过怎样的努力呢？带着满肚子的疑问，与我一起开启探索宇宙之旅吧！

那些充满想象力的创世论

从古至今，世界各地都流传着各种各样的创世传说，比如，中国古人相信，天地初始，万物混沌，盘古在一片黑暗中醒来，他拔下自己的一颗牙齿，将它变为一把锋利的斧子，用力地挥舞着向四周的黑暗劈去，由此天与地被分开，日月星辰归位，一个崭新的世界诞生了；而在古犹太人编写的《圣经》中，上帝被认为是这个世界的造物主，他只用7天的时间就创造了光、陆地、海洋、太阳、月亮、星辰、人类，以及各种动植物……虽然这些传说在情节上

有所出入，但它们都共同体现了一点：古代人类都将这个世界的诞生归结于一种超自然的力量，并且坚信在我们普通人之外还存在着统治天地万物的神灵。

知识链接

亚当和夏娃

根据《圣经》记载，在创世的第6天，上帝按照自己的形象创造了世界上的第一个男人——亚当。亚当一直生活在美丽的伊甸园中，这里有充足的食物，所有动物都对他很友好，但他感到非常孤独，于是上帝决定为他找一个伴侣。趁着亚当睡着时，上帝取下了他的一根肋骨，创造了世界上的第一个女人——夏娃。

在这个传说中，亚当和夏娃成了人类共同的祖先。

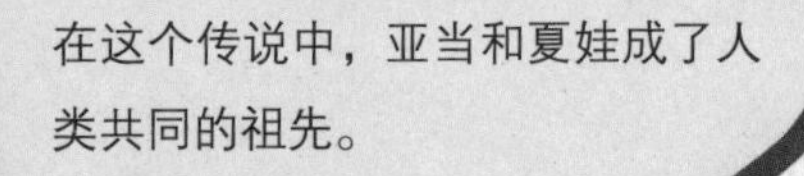

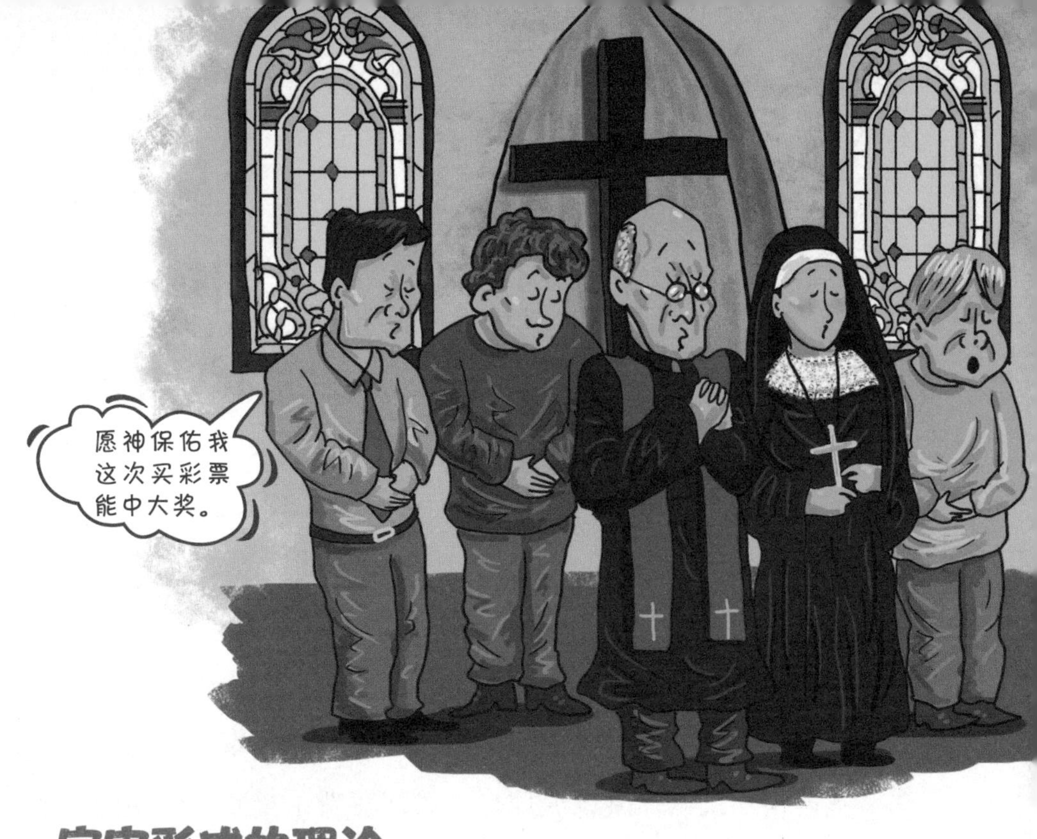

宇宙形成的理论

关于太阳系是如何形成的，现在科学界公认的说法是，太阳系是由原始的太阳星云演化而来的。1755年，在《自然通史和天体论》中，德国的科学家兼哲学家康德提出了太阳系形成的现代理论之一——星云理论。星云由气体和尘埃组成，它的体积十分庞大，形状很不规则，质量一般也比太阳大得多。想象一下，大约45亿年前，在黑茫茫的宇宙中，一片气体尘埃云发生了大爆炸，释放

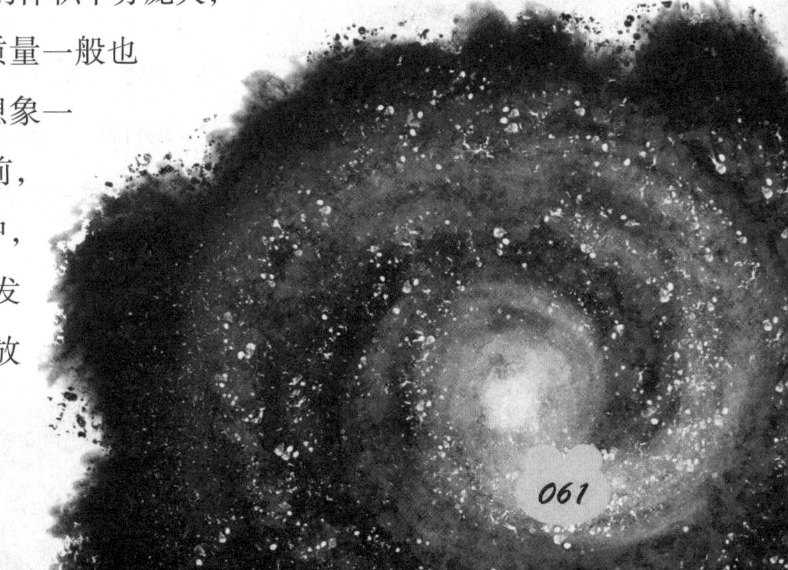

出了巨大的热量，于是云雾状的太阳星云出现了。它看起来就像一只银白色的盘子。太阳星云不停旋转并向内塌陷，变得越来越小，旋转得越来越快，里面的物质像是弹珠一样相互激烈地碰撞。经过数千万年的时间，伴随着极其复杂的物理变化，太阳诞生了。而太阳周围的尘埃与碎石相互聚集，不断变大，气体相互挤压，凝聚成球形，最终花费了整整 1 亿年的时间，才形成了初具规模的太阳系。

在宇宙面前，人类很渺小

我们平常用肉眼能看到的恒星有五六千颗，其中只有一半可以同时出现在地平线上，而这部分恒星中又有相当多是很接近地平线的，它们会被城市的灯光以及那一方向更加浓厚的大气所遮掩。在一个

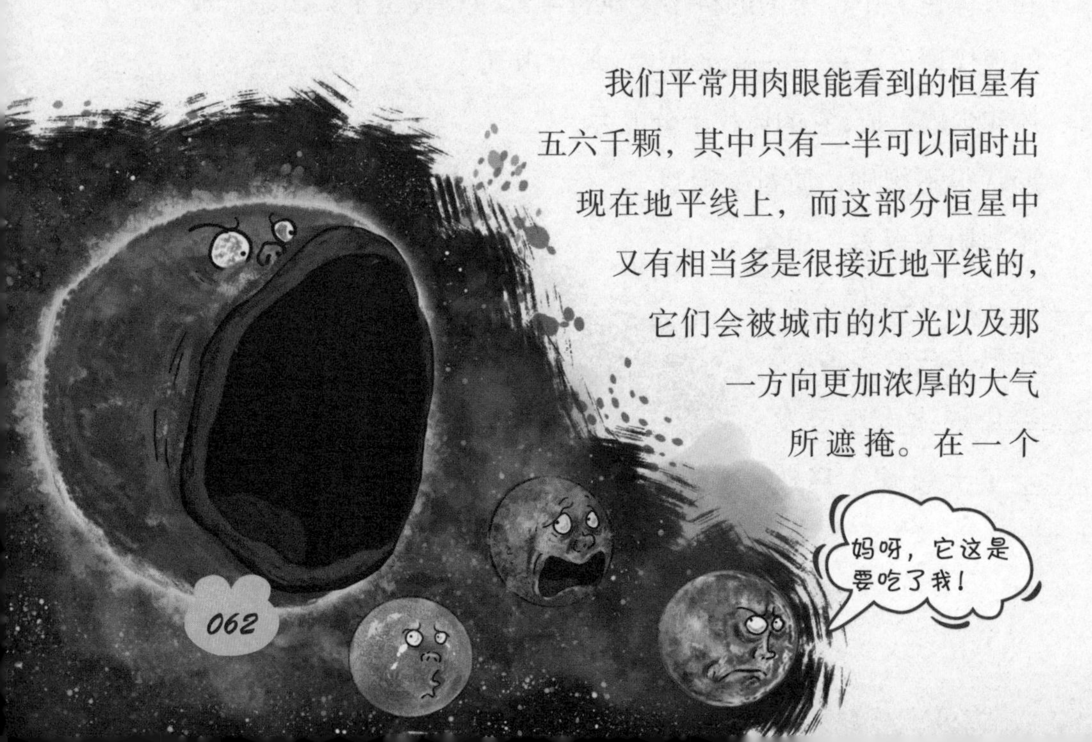

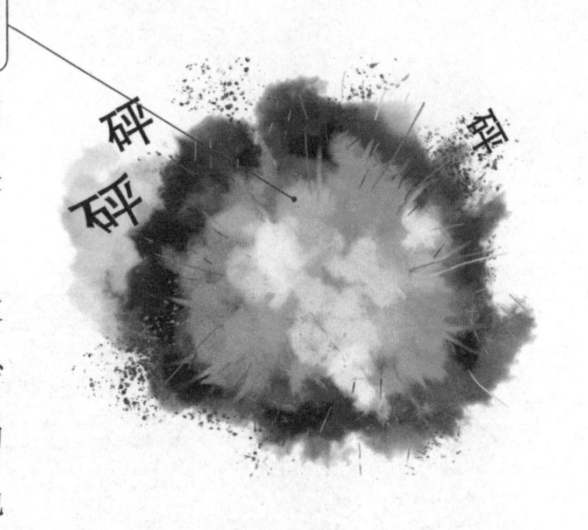

晴朗、看不见月亮的晚上，我们用肉眼可以看出来的星星大约是1500颗，这些星星被称为亮星。

作为恒星家族中的一员，太阳依旧在继续蓬勃生长，以每秒400万吨的速度燃烧着它内部的气体，与别的恒星一样，耐心地等待着死亡的来临。也许50多亿年后，太阳会变成一颗红巨星，并随着自己体积的不断膨胀，吞噬掉离它最近的水星和金星。到了那个时候，幸运的话，我们的地球可能会被太阳推出现在的轨道，免于遭受被吞噬的命运。但即使这样，地球上绝大部分的水也将被蒸发殆尽，大气也将全部消失，地球上的生命依然逃不开灭亡的结局。

知识链接

太空中的地球真的孤单吗？

从很久以前开始，我们的祖先就对遥远的太空充满了好奇和敬畏，但受困于古代社会落后的科学技术条件，他们并没有机会真正地去探索这片未知的空间。在太空中，有和我们一样的智慧生物吗？他们创造了自己的文明吗？在历史长河中，人类一遍遍地发问，一遍遍地求证，又一次次地失望。射电望远镜“中国天眼”的出现，给了人类探索太空的新机遇——自从我们拥有了如此强大的观测和收集天文信号的能力后，便不断发现有来自太空的信号传来。这是不是说明在偌大的太空中，我们其实并不孤单，也有未知的文明在试图联系其他星球？

欢迎来我家
做客！
地球是人类最
了解的星球。

这就是我们的地球

地球是人类文明的摇篮。我们祖祖辈辈生于斯，长于斯，终于斯，在这里发明和创造了无数值得惊叹的科学技术与艺术思想。相比于其他星球，我们对地球的了解要更加丰富与深刻。你知道吗？地球上存在着数以亿计的不同生物，从小小的蚂蚁到庞大的大象，从可爱的博美犬到凶猛的苔原狼，更神奇的是我们现在竟然还能发现新的生物！

地球在宇宙的什么地方?

太阳系是宇宙中的一个天体系统，由太阳、行星及其卫星、小行星、彗星等组成。太阳是太阳系中唯一的恒星，有 8 颗行星在固定的椭圆形轨道上环绕着它运动。按照离太阳由近到远的顺序排列，这 8 颗行星依序为：水星、金星、地球、火星、木星、土星、天王星、海王星，它们被称为太阳系的八大行星。

从地球上看，离我们最近的、我们最熟悉的星球就是月球了。

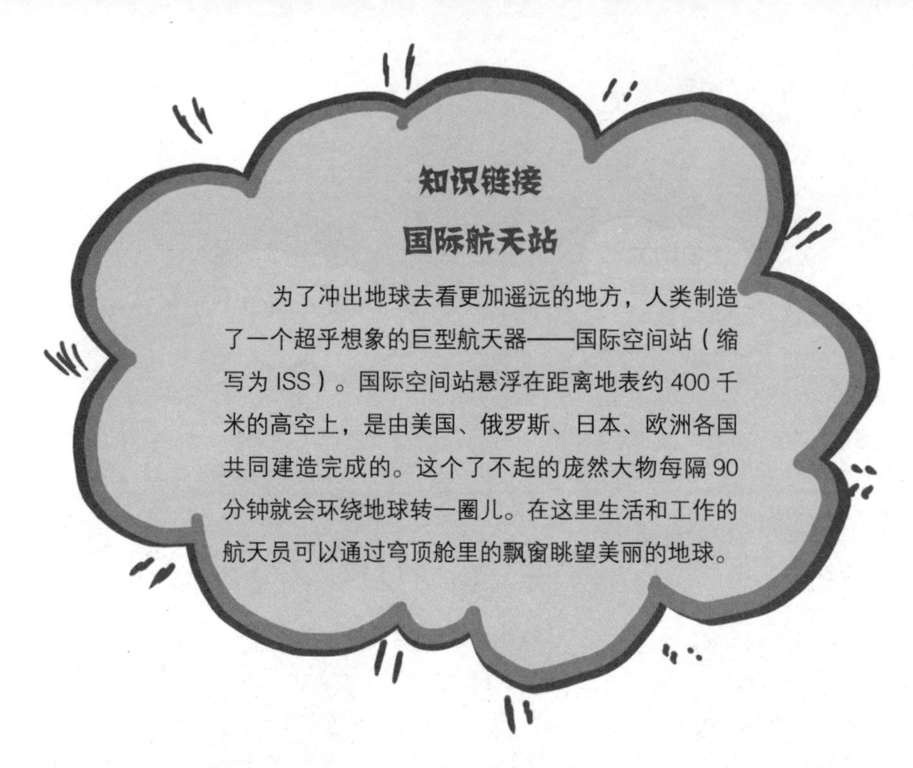

月球陪着地球围绕着太阳运转，是地球唯一的一颗天然卫星。地球在自己的轨道上不断向前运行，而月球则不断地围绕地球旋转，与地球始终保持着相对稳定的距离。

再往远一点儿的地方看，在太阳系中，地球不停地围绕着太阳运行，它离太阳不太远也不太近，太阳稳定而持续地向它输送光和热，为地球上的生命提供必要的能量。地球虽然是太阳系的八大行星之一，但和浩瀚无垠的宇宙比起来，它却是那样的微不足道。你知道吗？在银河系中，像太阳这样的恒星大约有 1000 亿颗，而目前我们已知的像太阳系这样的星系大约有 500 个。

在太阳系之外，就是广袤无垠的银河系了。这个系统最主要的特色便是它投射在我们地球上空的银河。在过去的 200 年间，天文学家曾试图精确测算银河系的形状和大小。但是正如你我所想象的那样，这是非常困难的一件事情，因为我们就身处

这个系统当中。如果未来我们有机会能从系统外望一眼它，那这件事情就会变得好办很多。

地球长什么样子？

在这个看起来是蔚蓝色的星球上，人类祖祖辈辈日出而作，日落而息，与数以万计的其他生灵共享着来自大自然的馈赠。如果非要在宇宙中找出人类最了解的一个星球，那么非地球莫属了。当然，在探索地球的过程中，人类也并非一帆风顺，我们也走过许许多多的弯路，接受过许许多多的教训，并且直到现在我们还承受着这些错误所带来的后果。

当我们从宇宙中看地球时，会发现在地球的外面包裹着一层厚厚的气体——大气，它保护我们不受有害辐射的侵袭的同时，也极大地阻碍了我们去观测宇宙。而当我们双脚踩在地面之上，向四周环望时，可以看到连绵的山峦起伏于大地之上，江河湖海相连相交，这里既有干旱的沙漠，又有潮湿的雨林，以及其他姿态各异的自然环境。当然，如果你再仔细一点儿，

你还会注意到水与空气的存在，是它们让人类得以产生和存活，地球上的万物生灵都离不开这两样东西。

人类文明与大自然

在茫茫的宇宙中，与地球相似的行星不止一个，但只有地球孕育出了多姿多彩的生命。地球是人类的故乡，千百年前，

我们的祖先就已经开始了对它的探索。可以说，我们对地球的了解要远远多于太阳系中的其他行星。但说实话，宇宙有着漫长的历史变迁，并且至今还在继续变化着，地球上那些让我们为之骄傲的人类文明，在偌大的宇宙面前显得是那样渺小且微不足道。

人类在地球上创造出的所有东西都离不开大自然的馈赠。大自然与时间、物质和空间是密不可分的——你可以这样理解，看似一成不变的大自然实际上也在偷偷地变化着，和宇宙一样，随着时间的流逝，它的模样每时每刻都是不一样的，只不过身处这个时代之中的我们是无法察觉到它的嬗变的。但是，若是将现在的它拿来和几万年前的它相比，你就会发现大自然的嬗变超乎我们的想象。

知识链接

人类文明之殇：庞贝古城

你也许没有听过庞贝古城的名字，但它的确曾是闪耀在亚平宁半岛上的一颗明星。公元 79 年，意大利的维苏威火山迎来了一场恐怖的大喷发，来不及逃走的庞贝古城居民瞬间就被炙热的火山喷发物所包围，绝望地迎来了凄惨的死亡。这次灭顶之灾使历史悠久的庞贝古城毁于一旦，让它几乎在刹那间就从人类历史舞台上消失了。但同时，由于被火山灰所掩埋和保护，庞贝古城的街道和房屋都保存得比较完整，这为我们研究古罗马社会生活和文化艺术提供了重要的文物资料。

广袤的海洋与沙漠

从太空望去，地球看起来就像是一个深蓝色的球体。这是因为地球上的海洋连成一片，约占全球表面积的71%。海洋对人类的重要性不言而喻。而极度干旱的沙漠被称为“生命禁区”，占地球陆地总面积的21%，并仍以可怕的速度不断蚕食着剩余的地方。在广袤的海洋与沙漠中究竟还隐藏着怎样的秘密，正静候我们揭开呢？

一望无际的海洋

地球上的每一种生物都有自己特定的栖息地。它们有的住在广阔的海洋里，有的住在茂密的森林里，还有的住在干旱的沙漠里，而其中海洋是它们在地球上分布最广的栖息地。从温暖的热带海域到冰冷的极地海域，都有各种各样的海洋生物活跃着。

如果我们能从一个相当高的地方眺望整个地

大海真
广阔呀！
这片海里不会
有鲨鱼吧？
哎哟，什么
东西蜇了我的
屁股一下？
如果没有大海，
我们就会缺少
很多乐趣了！
这沙滩被晒得
有点烫脚！

知识链接

不可思议的水循环

水不仅是人体的主要组成物质，它还以各种不同的模样出现在我们的生活中。你知道水从哪里来，又到哪里去吗？太阳以电磁波的形式放射出的能量，是地球进行水循环的最根本的动力。当地球表面的水吸收足够多的太阳能量时，就会蒸发成水蒸气，而水蒸气上升遇冷会凝结成小水滴；随着云中的小水滴变得越来越多、越来越重，天上的水就会以雨、雪等形式回到地面上来。这样的水循环周而复始，一旦停止，那地球上的万物都将面临灭顶之灾。

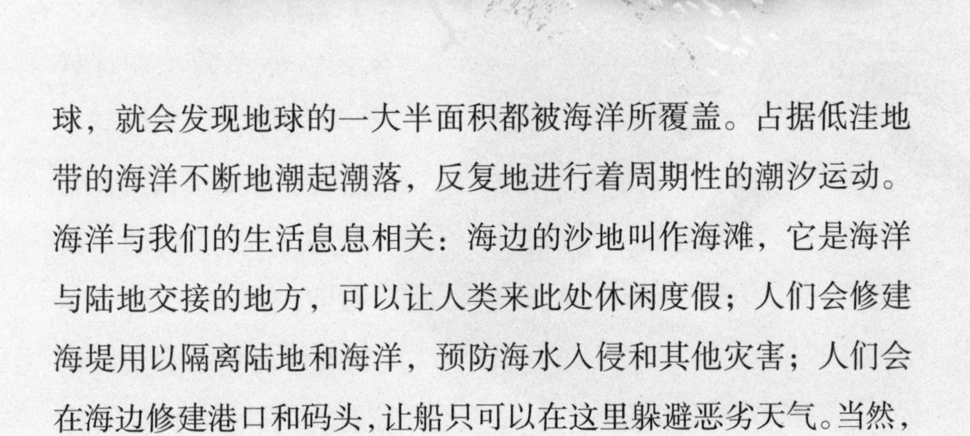

球，就会发现地球的一大半面积都被海洋所覆盖。占据低洼地带的海洋不断地潮起潮落，反复地进行着周期性的潮汐运动。海洋与我们的生活息息相关：海边的沙地叫作海滩，它是海洋与陆地交接的地方，可以让人类来此处休闲度假；人们会修建海堤用以隔离陆地和海洋，预防海水入侵和其他灾害；人们会在海边修建港口和码头，让船只可以在这里躲避恶劣天气。当然，我们刚才说的这些，仅仅只是海洋对我们生活众多影响中的一小部分。

在海洋深处，崎岖不平的海底存在着山峰、沟壑、深谷以及众多其他地形。看似平静的大海实际上狂野至极，在这里聚集着成千上万的“居民”，它们有的身负重甲，有的长得奇形怪状，有的凭借大自然的偏爱横行霸道。当然，海底也少不了植物，一些奇特的草木已经在此安家落户了几万年。

正如我们所知道的那样，因为海水中含有大量的盐分，所以它尝起来是咸的。地球上的水循环运动使地球上海洋与陆地的水分始终保持平衡，让我们得以享用到丰富的淡水资源。

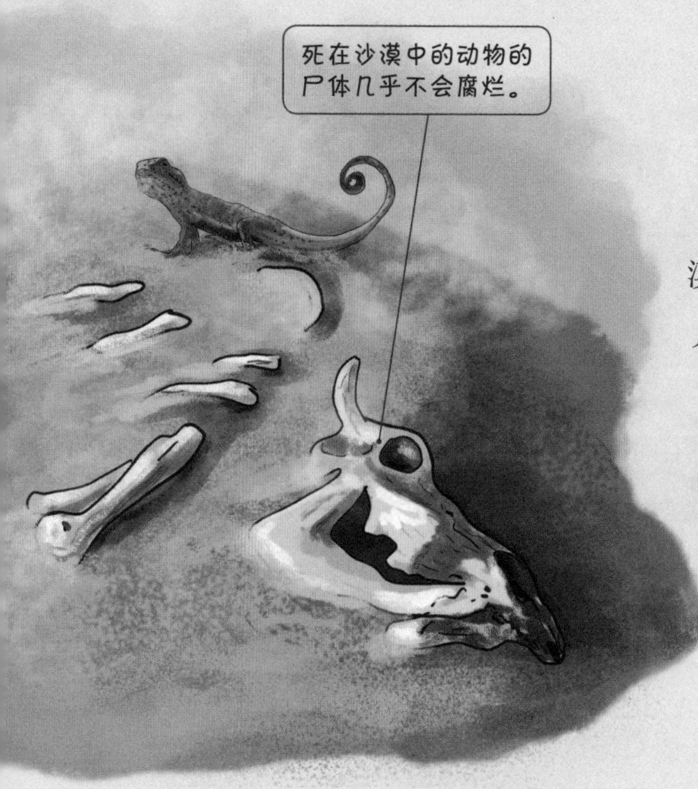

令人畏惧的沙漠

相信你一定知道：沙漠干旱缺水，植物稀少，几乎全年不下雨，地表完全被沙所覆盖。在这样严峻的环境下，地球上绝大部分的动植物都是无法存活下去的，所以我们很难在沙漠中见到苍翠的树木和活跃的动物。在这片寂静到令人毛骨悚然的土地上，我们触目所及的只有动物的尸骸、嶙峋的石头以及数不尽的沙砾。在这里，我们呼吸不到阴凉的空气，也找不到可以解闷的同伴——这种无法形容的寂静与孤独，比我们一个人身处森林时还要可怕。

想要孤身穿越沙漠几乎是一件不可能完成的事情。当孤独的旅行者面对这片不毛之地时，他的内心一定会充满凄凉与恐惧，相信绝大多数人都不会愿意尝到这样的滋味。并且，除了心灵上的重负，无情的沙漠还会用饥饿、干渴和酷热作为强大的武器，随时随地就能熄灭掉旅行者的生命之火。

知识链接

生活在沙漠中的动物们

虽然人类很难在沙漠中存活，但是在这个生命禁区中却住着不少的“钉子户”，比如响尾蛇、蜥蜴、眼镜蛇、跳鼠、骆驼、非洲鸵鸟、蝎子等。它们一般都有着极强的抵抗高温的能力，可以长时间不喝水、不进食、不排泄，也很少会出汗。生活在沙漠里的大部分动物都是夜行性的，它们会在相对凉爽的黄昏或者晚上出来寻找食物。

洪荒时代的世界

当我们抬头仰望星空时，可知我们的祖先也曾仰望过同一片星空？在那个混沌初开、万物蒙昧的时代，我们的祖先在触目惊心的灾难中艰难地寻求着一线生机，而遥远的未来则不断通过各种各样的方式来试图与他们对话，召唤着他们一次次顽强地站起来。地球诞生之初到底发生过什么事情呢？所谓的神话时代真的存在过吗？

地球的诞生

洪荒时代，一般指的是地球刚刚形成的时候。关于地球是如何形成的，自古以来便是人们非常关心的事情。但是，因为地球已经存在了几十亿年，除了我们知道它是个体形不太标准的物质的球体以外，很多它在形成初期留下的痕迹都已经在地面上消失了。也许你会问，为什么我们不能向下挖

呢？在地球的中心会不会有它形成时留下的线索呢？由于种种原因，实际上，我们现在向下能到达的距离非常有限。如果你把地球想象成一个苹果，那我们不过刚刚扎破了它的果皮。目前，世界上绝大多数科学家都认为，地球中心的那种物质很有可能就是大量的铁——但它们的密度要比普通的铁的密度要大上许多。

我们不妨来想象一下地球最初的模样：当地球刚刚形成时，水变成水蒸气飘浮在空中，而后它们凝聚在一起，落向龟裂的、干燥的、炙热的大地；覆

盖了大部分地表的洪水落下又涨起，涨起又落下，就这样反反复复，不断地被蒸馏着；空气中的元素与水中的元素相互影响，狂野的风暴和巨大的浪涛此消彼长，混浊的大气在这个过程中逐渐被净化。在这个神秘的洪荒时代，生命的种子正在静悄悄地等待发芽。

淹没世界的大洪水

大洪水是世界上很多个民族都有的传说：在遥远的洪荒时代，地球表面冷却凝固，形成了坚硬的岩石，接着一场滔天的

洪水几乎淹没了整个地球，它们摧毁山峰，冲毁高地，填满沟谷，并且伴随着猛烈的狂风和暴雨。虽然在各个版本的传说中，大洪水出现的时间有所不同，但最后的结局基本上都如出一辙：在肆虐了很长时间后，大洪水终于停歇，而在这场灭世的灾难中幸存下来的人们得以休养生息、安居乐业。

只不过人类从大洪水中逃生的方式各不相同。在西方的一些传说中，人类受神明的警告而制造了一艘诺亚方舟；在中国的传说中，女娲炼五色石补好天空，大禹率领族人花费数十年治理好了泛滥的洪水。

但传说毕竟只是传说，缺少物质证据的支撑，我们也无法去判定这场大洪水是否真的存在过。在很长一段时间里，各地的历史学家都曾致力于寻找洪水灭世的证据，他们相信

女娲补天的传说
就和大洪水有关。
我一定要阻止
这场大洪水，拯
救这个世界和
我的孩子们！

从中可以发现一些关于地球形成初期的重要信息。围绕着这个洪水灭世的传说，人们现在争论的焦点主要集中在两个问题上：一个是，在洪荒时代到底有没有发生过一场席卷整个世界的大洪水？另一个是，为什么世界上这么多民族都拥有类似的大洪水传说？

世界上的第一个生命

世界上的第一个生命是什么时候诞生的？是在什么环境中诞生的？它最初的形态是什么样的？这些问题不仅与人类的出现息息相关，更关系着地球上所有生命的起源。根据科学家的说法，古细菌应该是地球上最接近原始生物形态的生物。我们来想象一下：在地球上最早出现的海洋中是没有氧气的，它有的只是许许多多的有机物；在沸腾的、富含铁的海水中，小的有机物分子聚合成了大的有机物分子，大的有机物

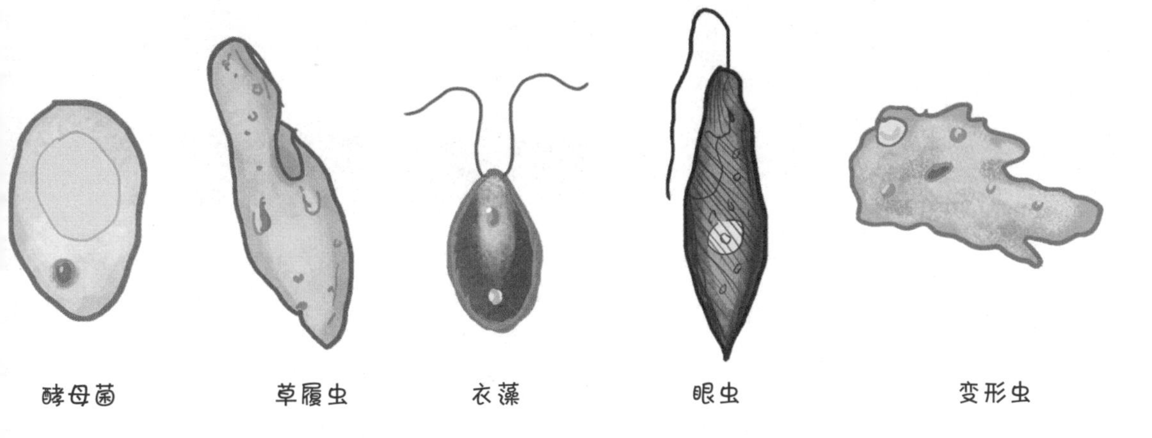

分子又聚合成了类似于低级生物膜系统的东西；这些构造简单的东西有时会围起来，形成一个个相对稳定的环境，并演化成最早期的细菌体，也就是世界上最早的生命体。

知识链接

消失的史前霸主：恐龙

在远古世界，恐龙一族曾称霸了整个地球，它们或行动敏捷，或身形庞大，或长有尖牙利爪，但在短时间内迅速消亡殆尽，给人类留下了一宗历史谜案：这样强大的物种究竟为何会销声匿迹呢？关于恐龙灭绝的原因，科学家给出了很多种假说，比如气候变迁说、小行星撞击说、物种斗争说、大陆漂移说、酸雨说等。其中，小行星撞击说的传播范围最广、认可度最高。小行星撞击说认为，大约6500万年前，一颗小行星撞击了地球，从而导致地球气候剧变，最终令恐龙无法生存，走向了灭亡。事实上，以上提到的每一种假说都存在不完善的地方，包括小行星撞击说。

各种各样的自然景观

在地球上，大江大河连绵不绝，层峦叠嶂美不胜收，这里既有一望无际的海洋，也有星罗棋布的岛屿和雄伟壮观的峡谷。地球上的无数生灵在不同的自然环境中悠然自得地生活着，而人类的足迹更是遍及世界各地，我们都为大自然的奇妙而深深倾倒。花开花落，春去秋来，不论何时何地，你都能发现独属于大自然的神奇之处！

让大地无法安宁的火山

跨越数百个世纪的光阴，我们的先祖一直都在与大自然做着不屈的斗争。面对各种各样的自然环境，人类坦然地接受了大自然的挑战，不断用智慧与辛勤的劳动克服着大自然给予我们的考验。布封相信，我们的地球曾有很长时间都保持着一团热气和火焰的状态，并且在这个时期，任何有感觉的生物都无法存活。而细菌虽然是生物，但它的构造实在是太过简单，以至于它根本就没有感觉。后来，时光飞逝，几万年的时间过去了，地球在几次洪水的袭扰之后迎来了相对稳定的时期，土地从海水中慢慢露出了真面目，逐渐演化成了大陆的雏形。

当海水下落，大陆露出了许多高高耸立的山峰，它们像是被拔了塞子的通风口一样，开始喷射出深藏在地下的滚烫的气体、火焰、岩浆、灰尘等物质。这些东西席卷并撼动着整个地表，让地球上没有一个地方可以获得安宁与平静。但在这个时期，因为陆地上还没有出现过任何一种动物，所以我们自然也找不到任何一个见证了这种恐怖场景的目击者。但是，从另一方面说，也许我们应该感谢大自然没有让那些有感觉的生物诞生于这个时期，否则它们必将遭受到精神与肉体的双重折磨。在这些恐怖的景象逐渐结束后，一些聪明而敏感的古老生命也终于迎来了它们诞生的时刻。

地球上的死火山有约2000座。

火山顶部的漏斗状洼地叫作火山口。
火山爆发时会喷射出大量的尘埃或微粒。
熔岩是火山爆发的产物，既指火山喷溢出的岩浆，也指这种岩浆冷却后形成的岩石。
妈呀，好烫，好热！
太恐怖了，赶紧跑吧！
我得再跑快一点！

知识链接

南极长城科考站

在非常寒冷的南极，人迹罕至，总是频繁地下着猛烈的暴风雪。但在 1985 年 2 月 20 日这一天，中国建立了自己在南极的第一个科学考察站——长城站。你知道吗？长城站的整个施工周期竟然只有短短的 45 天！长城站坐落在遥远的乔治王岛之上，乔治王岛不仅属于南设得兰群岛，还是其中面积最大的那个。与长城站相邻的各国科考站包括：智利的费雷站、俄罗斯的别林斯高晋站、乌拉圭的阿蒂加斯站，以及韩国的世宗王站。长城站总占地面积约为 2.5 平方千米，目前已经建造完成并投入使用的大型永久建筑共有 10 座。

然而，如果你因为没见识过这些火山的威力而小瞧了它们的话，它们就会让你吃尽苦头！时至今日，地球上的不少火山仍是非常活跃的，它们时时刻刻都威胁着生活在它们周围的各色生物。火山爆发可以说是最可怕的自然灾难之一！

海洋对地表的塑造

海洋对地球的作用不言而喻，它影响着大部分地表。布封认为，曾经席卷地球的洪水应该来源于南极，并受到月球的引力而产生了涨潮落潮的现象。太阳虽然同月球一样也会引起潮汐，但实际作用很小。布封的这种想法在今天看来也是极具科学性的，我们已经考证出：一般来说，潮水的涨落规律恰好符合月球的周日视运动，如月球经过当地子午圈后的45分钟左右，海水就会形成高潮；离月球越近的地方，受到的引力越大，反之则越小，并且天天都如此，年年都没有改变。

在洪水泛滥的初期，地球两极的洪水会流向地球隆起的赤道地区。因为两极地区的温度比其他地区的温度冷了许多，所以洪水会在这里先行暴发，后来才会逐渐覆盖赤道地区。当赤道地区被洪水完全吞没后，洪水的走向就基本定下来了，它会按照自东向西的方向进行大规模的流动，并且恒久不变。这一点，在如今海水的洋流运动中也有所体现。这里我们要着重解释一下洋流：洋流又叫海流，是指大洋表层海水常年大规模地沿一定方向进行的较为稳定的流动。海水这种日复一日、年复一年的流动，让各大洲的西海岸因为岩石碎屑的堆积，而变得高高隆起，东海岸却形成了平坦的斜坡。

原始人的生活是什么样的？

在原始社会中，由于生产力水平很低，生活条件极其恶劣，还要时不时面对野兽和其他氏族部落的威胁，牙周病、龋齿、骨折、外伤、风湿等疾病时刻威胁着原始人类的生命与健康。为了更好地生存下去，他们开始向大自然中的万物学习：钻木取火、制作骨器和石器、圈养动物、制作衣物……让我们一起来了解原始人的生活吧！

最初的那些人类

哎哟！

最开始出现的那些人类，还能亲身体会到地表的频繁变动。当汹涌的洪水来临时，他们会爬到高高的山上来躲避这恐怖的自然灾难。当然，火山也不会给他们优待，它会用炙热的火山喷发物毫不留情地驱逐他们，将这些原始人重新赶回平地上面去。在这样恶劣而严峻的环境中，手无寸铁的原始人除了向大自然屈服，毫无还手之力。

原始人的智力远不如现在的人类，他们只能进行非常简单的思考。因此，面对野兽的攻击，在缺乏计谋和武器的情况下，他们能做的非常有限，结果导致很多人都不幸地葬身于野兽之口，成为野兽的腹中餐。于是，在这样随时都要保持警惕的情

况下，原始人开始认识到团结的力量。为了更好地存活下去，他们先是依靠群力来抵御各种灾害和袭击，接着通过分工协作来建造房屋和制造武器，然后在某个时刻，他们认识并学会了利用火焰来战斗和烹煮食物。于是，火焰和武器成了原始人傍身的有力工具，它们的出现促使原始人开始追求更舒适、更安全的生活。

为了生存拼尽全力

受到众多因素的影响，医药学从萌芽到成形经历了一段相当漫长的演变过程。在人类的历史中，我们有数十万年的时间曾处于原始社会，恶劣的自然环境促使人们有意或无意地开始寻求消除痛苦、保护生命的方法，不断积累零散的医疗经验，这些构成了医药学最原始的雏形。由此成形的医药学，历经长久的锤炼与沉淀，在大自然所给予人类的各种磨

难中，尽职尽责地守护着人类的文明之火。

石器是原始人类最重要的一种生产工具。但是，在一些遗迹中，我们发现了有些石器被打磨出锐利的尖端或锋面，看起来就像是现代医学中所使用的针或刀。通过数年的考证，很多专家都认为它们极有可能是我们的先祖用来切开痈肿、排脓放血的医疗工具。因此，有些考古学家相信，其实在很久之前，原始人就已经产生了进行手术的意识。

在我们发掘出土的骨器中，被用于生活的占了大多数，但其中也出现了不少类似骨针、骨锥、骨刀的制品。这些骨器在性能上明显优于石器，极有可能也被应用于当时的医疗活动。在中医的针灸治疗中，医生有时会用到一种特殊的浅刺用针，它的形制就与出土的石器时代的骨针十分相似。

虽然，对于那些层出不穷的恐怖灾难，原始人抱有相当大的恐惧与震惊，但他们并没有选择自暴自弃，反而为了生存下去，拼尽了一切力量。也许，这种精神的存在，正是人类得以延续下去的重要条件之一。

知识链接

药物的发现与使用

随着生产技术与水平的提高，原始人类对植物的认识越来越丰富。经过无数次的实践，他们发现一些特定的植物会对人体产生不同的功效，并从动物中毒、疾病防治等事情中萌发了“药物”的意识。原始人类开始使用动物入药，这与狩猎、畜牧活动有着极为密切的关系。并且，随着用火技术的发展，人们对各种动物的肉、脂肪、内脏、骨骼及骨髓的认识也变得更加深刻。直到现在，在中国一些少数民族的传统诊疗方法中，仍能发现很多用动物入药的原始痕迹。

先民与他们的信仰

当原始人为了躲避洪水而攀登上一座山时，他们就会对这座山产生敬畏的情感，因为他们一直认为遇到洪水时人是必死无疑的，但这座山竟然从洪水中拯救了他们，那么这座山一定具有比洪水还要强大的力量。反之，当一座山可以喷出猛烈的火焰，这火焰可以烧毁森林、烧死动物，比他们遇到的所有野兽都可怕时，那么这座火山一定会让他们感到畏惧，并下意识地认为它具有掌控人类生死的力量。当这些情感牢牢地盘踞在原始人的心上时，原始人就会相信世界上真的有超乎他们想象的力量存在着，于是无所不能的神祇被他们创造了出来，各种各样的神话经过他们的口耳开始流传。

在这种思想的催化下，越来越多的原始人认为世界上存在着一种超自然力量，它可以控制世间万物。于是，当原始人类逐渐产生了懵懂的医疗意识时，巫师和巫术也随之出现了。出于有限的科学认知，原始人类往往会将疾病与鬼神联系在一起，因此巫师往往还会承担起治病救人的职能，这间接推动了医学知识的总结与传承，也为日后巫医分离、医学独立打下了重要基础。

那些古老生物的奋斗

在人类出现之前，就有很多奇异的生灵活跃在地球上了，它们有的小到用肉眼看不见，有的却庞大得如同一座小山。但时至今日，它们大多数都已经销声匿迹，只剩下了那些深埋在地下的化石，沉默地诉说着它们往昔的光荣与黯淡，这也给后来的我们留下了许多幻想：这些古老的生物吃什么？它们怎么繁衍后代？它们又为什么会灭亡？

那些关于化石的秘密

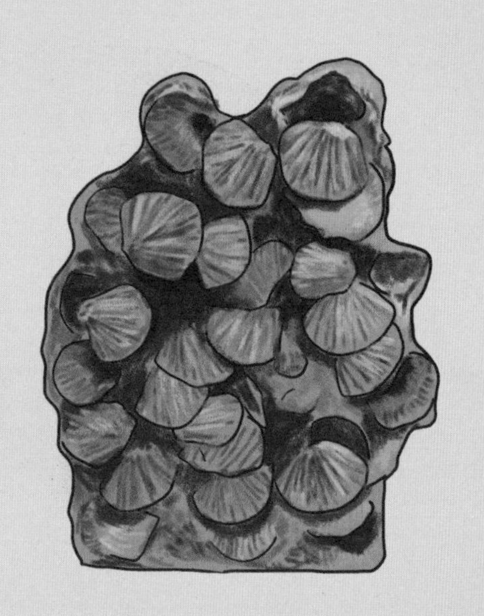

目前我们在海拔很高的地方发现的那些海洋生物化石，都属于大自然中最古老的生物的尸骸。我们大量地收集它们，并与那些出现在低海拔地区的海洋生物化石进行对比，这将为我们带来非常重要的信息——地

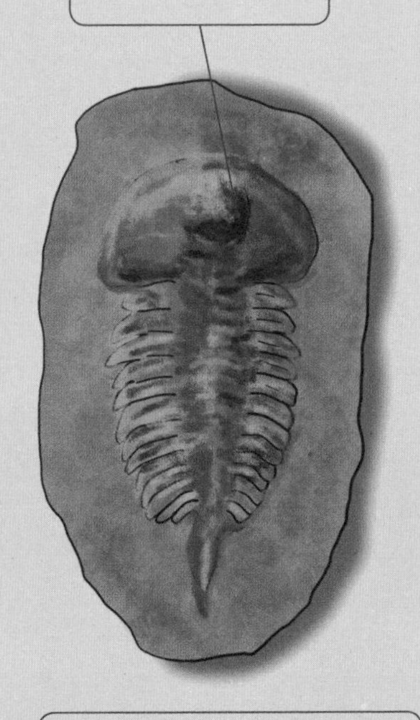

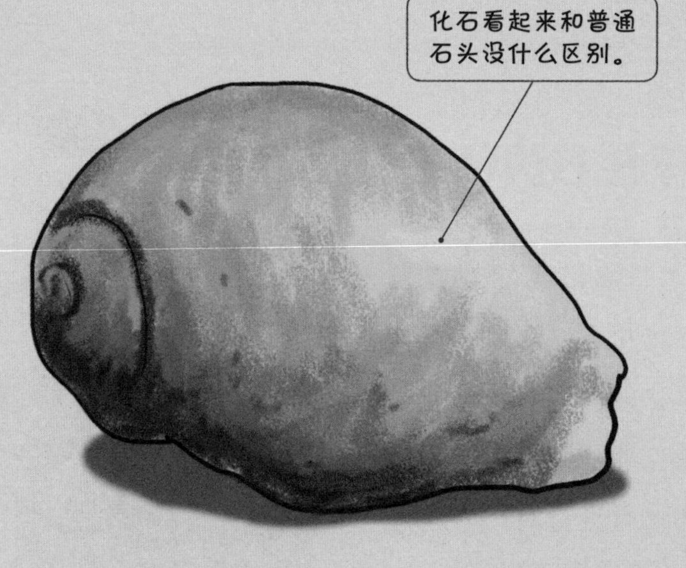

球上的环境曾经历过怎样的变迁。

通过种种迹象追根溯源，我们确信其中一些贝壳化石应该来自异常遥远的年代，因为我们没能在如今的生物中找到与它们类似的活体。也许，当它们活跃在地球上时，人类还尚未拥有文字和语言，因此在人类历史上也没有留下关于它们的只言片语。如果有一天，我们可以将所有找到的贝壳化石都集中在一起，按照它们生存的年代对它们进行编号，我们或许可以找出到底哪个才是最古老的贝类生物。但是，这个工作的难度真是太大了！

对于一些被找到的化石，我们现在能做的只有判断它是来自陆地还是来自海洋。你知道的，一些神秘的古老生物已然消失在漫漫的历史长河中，我们在如今的生态圈中甚至连它的近亲都看不到。经过多年的勘探工作，我们发现的化石可谓多种多样，比如一些尖锐粗钝的大臼齿化石可以重达五六千克，一些螺类贝壳的化石可以长达约 26 厘米。

虽然地球与太阳相比，还是个初出茅庐的小孩儿，但对于人类而言，它则是一位古老而神秘的智者，冷眼旁观了无数生命在它之上来了又去，去了又来。化石无疑是我们解开关于生命诸多谜团的关键钥匙，它们可以让人类切实感受到数万年前，生命就已经开始了自己的征程。

海洋与陆地上的动植物

如果你关注过那些化石，你一定会发现在距离我们很遥远的年代里，体形异常庞大的物种的数量明显比今天的更多。有

知识链接

动物界中最原始、最低等的原生动物：草履虫

草履虫是一种用肉眼很难看到的、形态酷似圆筒状的原生动物，它只由一个细胞组成，是典型的雌雄同体的单细胞动物。它喜欢栖息在稻田、水沟或水不大流动的池塘中。在显微镜下，你会发现它的外表看上去就像一个草鞋底——这也是它名字的由来。草履虫也分为很多种，其中最常见的要数尾草履虫，它的生命周期极为短暂，通常都是按小时来计算的，它经常会被人们用来当作鱼类及其他水生动物的饵料。但别看它的体积这么小，它可是以吞食细菌和单细胞藻类为生的呢。

些科学家猜测，也许它们诞生于大自然正当年轻力壮的时候，大自然以充沛的精力制造了大量有机物质，这些有机物质不仅不容易与其他物质相结合，反而自行聚拢在了一起，构成庞大的体积，从而为产生那些身躯庞大的生物创造了条件。

当然，地球上并不只有海洋，还存在着陆地。我们说了这么多关于海洋和海洋生物的事情，现在来说说陆地上的情况吧！大自然一边塑造着海洋一边勾勒着陆地，它在这两个地方同时播撒了丰富多彩的生命的种子。现在，我们从陆地上挖出来的化石大多来自地下，尤其是在那些煤矿或者石矿中，这些化石证明了很多古老生物的确在地球上生存过——这些生物可不仅仅只是动物，还有很多已经灭绝了的植物。根据化石提供给我们的种种线索，我们确信当大海中存在动物的时候，陆地上也有植物在生长了。

地球环境的变迁，总是伴随着旧物种的灭亡与新物种的产生，这些躺在泥土、岩石中的化石无一不在向我们展示大自然那巨大而神圣的力量。大自然仅仅改变了温度，就让海洋和陆地不再适合那些远古生物的生存和繁衍，不管它们的种族曾经多么强大和繁荣，都不可抗拒地消失在了地球上，永远不复存在了。

人类正在改变大自然

人类在适应自然环境的同时，也在不断地改变着自然环境：填海造陆、拦河建坝、修路、采矿、垦荒、兴建城市等。这迅速而激烈的改变，一方面给人类的生活带来了更多的便利，另一方面却使整个生态系统不堪重负：自然灾害逐年增加，人为造成的灾害越来越复杂，生物多样性面临严峻的挑战，各种自然资源接近枯竭……

大自然与人类相互影响

出生在地球上的所有生灵都应该感谢大自然的慷慨与无私，它给予了我们赖以生存的各种事物。大自然将光明与温暖给予了万物生灵，当一束纯净的光芒从天边照射出来时，我们的一天就开始了；大自然将纯净、鲜活的水给予了万物生灵，让它们得以延续生命和种族；大自然还制造了形态各异的地形，让人们见到了隆起的山丘和凹陷的洼地；大自然更是划分了陆地和海洋，让更多的生物拥有了适合它们栖息的地方——当然，海洋的作用不仅如此，它的潮起潮落还为人们带来了清洁而珍贵的潮汐能。

如果你以为人类对大自然只有盲目的崇拜，那就大错特错了，人类的力量同时也在影响着大自然。为了从土地上获取

更多的粮食，中国古代先民编写了一种用来指导农事的补充历法，也就是二十四节气。二十四节气根据地球绕太阳公转的轨道上的位置，划分了二十四时节和气候，鲜明地反映出了一年之中季节的变化，它可以帮助农民在适合的时间进行对应的农事活动。不仅如此，我们还修建了堤坝、水库，开掘了银矿、金矿，种出了良田和草场，在林间山地修建了一条条平坦的大路。事实上，前面说到的这些，也只是人类与大自然分庭抗礼中的一部分小小的成果！

大自然是人类的启蒙老师，我们谦虚地向它学习，但有时也会质疑它、挑战它。就像它曾为人类展示了辽阔的夜空，用那些闪烁的星星勾起我们强烈的好奇心，而这份好奇心成为我们展望更远的地方的灯塔，一直指引我们不断革新技术，向地球外的世界前进。

重视大自然的警告

大自然并不总是和蔼可亲的！在世界上还存在着很多足以威胁到人类生存的自然灾害，比如可能会导致粮食颗粒无收的

干旱、冲毁房屋和农田的洪水、摧毁建筑和桥梁的台风等。但是，现在世界上还存在着很多本不该出现的灾害——人类一手造成的灾害，比如酸雨、土地盐碱化、大气污染、温室效应、赤潮、臭氧层破坏等。这些由人类破坏环境造成的自然灾害，同样给人类的生活和生产活动带来了不可估量的损害！

人类并不拥有大自然，这是从古至今都未曾改变过的真理。当人类从大自然身上索取时，也应当明白：任何贪得无厌的行为都将产生充满灾难的后果。大自然不是任何人的所有物，它属于生活在这个地球上的所有生灵，若是人类自私地毁坏、夺取、占有大自然，那么最后只会落得一个惨痛的下场。贪得无厌，必有灾殃！

还记得人类爆发战争时的残酷场面吗？人类被疯狂的贪欲和无尽的野心所掌控，理性被完全置诸脑后，彼此动用所有力量来相互争斗，世界陷入一片混乱和血腥，人类花费几代人的心血才辛苦创建的一切几乎在一夜间就变成了齑粉。我们绝不能等到人类文明毁于一旦、人类毫无幸福可言的那一天到来时，才幡然醒悟、后悔莫及。

奇特的昆虫社会

昆虫是世界上种类最丰富、数量最多的动物，它们的踪迹

几乎遍布世界上的每一个角落，不论是炎热而潮湿的亚马孙热带雨林，还是一连数年都不下雨的撒哈拉大沙漠。在漫长的演化过程中，一些昆虫也具有了社会性。社会性可不独属于人类哦！这一章节，就让我们来看看在这个奇特的昆虫社会中会发生什么事情吧！

残酷的生存准则

我们在前文中详细地讲解了人类社会，这一章节我们就来说一说奇特的昆虫社会。昆虫是地球上最大的生物类群，其中有些种类的昆虫也具备了社会性，但它们的社会与人类的社会远远不能相比。在昆虫社会中，残酷的生存法则与它们如影随形，并且没有一个个体能够跳出这个怪圈。

我们举个例子：从一出生开始，工蚁就一直被奴役着。工蚁没有翅膀，一般是蚂蚁群中体形最小、数量最多的雌性个体，它们不具备生殖能力，唯一的使命就是工作、工作、工作，直到它们死去。在蚁巢中，每天等待工蚁完成的工作都有很多，

比如建造和扩大保卫巢穴、采集食物、饲喂幼蚁及蚁后等。工蚁既不懂得偷懒，也不明白反抗，除了日复一日地拼命干活，从不作他想。而高高在上的蚁后则理所应当地享受着工蚁的供奉，大腹便便地躺在蚁巢中安心享乐。在大自然中，人们常常能见到这样的场景：两窝蚂蚁打仗，胜的那窝蚂蚁会把败的那窝蚂蚁的卵留着，喂养成干活的工蚁，结果两窝不同种类的蚂蚁混成了一窝。昆虫社会的成员是没有同理心和同情心的。

人类社会与昆虫社会

昆虫的种类繁多，数量庞大，且它们的繁衍速

度超乎寻常的快，所以几乎在世界各地我们都能见到它们的身影。在我们的传统观念中，昆虫既是值得称赞的辛勤劳动者，也是给人类带来疾病、与人类争夺食物的讨厌鬼。一些令人讨厌的昆虫会毫不在意地破坏森林和其他生态环境，威胁人类赖以生存的家园，极其敬业地扮演着那些极不光彩的角色。如果说人类在几千年中其实一直都在和昆虫做斗争，我想也不为过。

人类同样对昆虫社会褒贬不一。身处人类社会的我们，以家庭为单位相互依靠着生活，我们会照料那些柔弱的、不能独自生存的、不能自理的家庭成员。但是，即使社会性昆虫的社会组织达到高度发展，能够进行动物界中最为复杂的分工与合作，身处社会中的各个成员也萌生不了家庭的意识。昆虫的服从性是写在它们的基因中的，它们从一出生开始就自觉地承担着各自的工作，日复一日，年复一年，它们不会由于任何原因而对工作有所懈怠，它们的身上也绝不会出现所谓的“个性”。伴随昆虫社会分工的发展，只有作为个体的昆虫失去了其独立性，在此基础上建立的昆虫社会才会牢不可破。

知识链接

消灭蚊子！消灭蚊子！

人类与蚊子的斗争从未真正地停止过：一开始，我们只能用手打蚊子，用书、用扇子拍蚊子；之后，我们发现了可以用烟熏法驱赶蚊子；接下来，我们发明了蚊帐、蚊拍和蚊香，借助工具继续与蚊子斗智斗勇；再后来，我们调配出了杀虫剂，制造了灭蚊灯，甚至改变了部分雄性蚊子的基因。在这场没有硝烟却持续了数千年的斗争中，人类的聪明才智可以说是表现得淋漓尽致。但人类为什么会对消灭蚊子如此执着呢？这是因为蚊子作为能传播疾病的害虫之一，是流行性乙型脑炎、疟疾、丝虫病、登革热等急性传染病的重要媒介——它轻轻的一次叮咬，说不定就能要了你的命！

神奇的物种退化

事实上，一个人就算穷尽一生也无法真正地去见证某个物种出现的明显变化，不论是内在还是外在。这是因为物种的演化是一个异常漫长且循序渐进的过程，就算是以千年为单位，有时也远远不足以去衡量它。在这个复杂而精密的自然选择过程中，不仅会出现物种迫于生存压力而进化的现象，还会出现神秘的物种退化现象……

从未停止的物种演化

我们在前文中就说过，不仅是自然的力量，人类的一举一动同样也在影响着世界。当人类从一个地方迁徙到另一个地方时，他的身上可能就会出现一些变化，比如他的饮食习惯、作息时间、防御方式等。特别是当人类要远离故土，去很远很远的地方开始新的生活时，这种改变会更加明显且多样。在漫长的历史中，人类曾发生过很多次迁徙活动，正如你现在所见的那样，在大自然最开始创造的那些原始人穿越了几个大陆，并选择不同的地方安家落户之后，他们的后代已经演化出了很多不同的人种。放眼全世界，现存的各个人种不仅在皮肤颜色上有所差异，他们的生活习性也出现了很多明显的不同之处。但是，

我们的生存环境
发生了许多变化。
马上就要开始
新生活了。
我们走
多远了？
我的身上要是
长着厚厚的毛
就好了！
人类的大脑在
不断地进化。
我们还要继续
往前走吗？
人类身上的毛发
变得越来越稀少。

不管是生活在赤道地区的黑色人种，还是生活在大洋洲的棕色人种，又或是黄色人种和白色人种，我们能肯定的是：地球上的所有人类都来自同一个祖先。

实际上，即便是在那些封闭的孤岛环境中，演化出新的物种也只是早晚会发生的事情。只不过，一个新物种的出现往往需要一两千年的时间，这远远超过了人类寿命的范畴。换句话说，对于人类来说，在有生之年见证某个物种出现明显的演化是不现实的。因此，很多人常常会下意识地认为物种的演化已经停止，但其实恰恰相反，这个过程从几万年前开始就从未停止过。

驯化与物种退化

讲完了物种演化，我们再来说一说物种退化。与物种进化相对，物种退化指的是动物发育到一定阶段后，出现了形态变化或活动能力衰退等现象。简单地说，就是现在的动物没有它们的祖先那么厉害了。在大自然中，物种退化是相当常见的，比如狗的外形就会受到气温的影响而产生变化：生活在寒冷地区的狗长着厚重的毛发，生活在热带地区的狗则全身光秃秃的。我知道，对你来说，这种退化现象也许并不那么具有说服力，因为你在同一个地方就能见到各种各样的狗。其实在现实生活中，物种演化的原因是非常复杂的，在这个过程中它会受到很多因素的干扰，就像是人类根据喜好会故意在热带地区培育长毛狗，又或者在寒冷的地方饲养无毛狗——这也间接说明了人力是可以改变自然的。

除了物种本身为了适应环境而产生的特殊变化，驯化也会对物种的演化方向产生非常大的影响，有时这种影响甚至会远超大自

然的影响。通过家庭喂养的动物，它们皮毛的颜色往往会发生巨大的改变：野生动物的皮毛一般是黄褐色或者黑色的，而家养动物的皮毛很多是通体纯白且没有斑点的。这种皮毛颜色的变

化可以视作动物终极退化的标志，它意味着这些动物将无法在野外生存。除非将它们扔到冰天雪地里，但它们又会因忍受不了寒冷而死亡。看看在圈中的那些猪，它们皮毛的颜色就已经由黑转为白了。

我的祖先是怎么被驯化的呢？
鸭子是人类重要的家禽之一。
只要能吃饱喝足，生活就是充满希望的。
种植农作物，让人类可以获得粮食。
和平才是最珍贵的。
战争会破坏农业，导致饥荒。

一个科学与和平的时代

在过去，人类一手创造的文明也曾几度为黑暗所笼罩：恐怖的疾病、残酷的战争、严重的自然灾害等，这让盲目自大的人类开始清醒，并逐步反思在大自然面前原来自己是如此渺小。以铜为镜，可以正衣冠；以史为镜，可以知兴替！面对惨痛的教训，我们都应该清楚——只有科学与和平，才能让人类拥有值得期待的未来。

人类文明的黑暗时刻

从人类文明出现开始，我们依靠自己的智慧驯化了很多动物；依靠辛勤的劳动疏通河流、开发森林、耕种田地；依靠一遍又一遍的思考计算出了时间、空间，拓宽了自己的眼界；又依靠科学技术漂洋过海、攀山越岭，将世界紧紧地联系在了一起。如今，世界各地几乎都有人类的身影，我们用自己的力量改造了大自然原始的面目。

在因这些壮举而感到自豪的同时，不可否认的是，人类

有时也会变得愚昧无知。在过去，一些民族为了自己享乐与占有的欲望，不惜给自己的同胞带来血腥的杀戮。无时无刻不充斥着死亡与绝望的战争，给置身其中的人类造成了相当悲惨的后果，我们甚至无法将战争中人类所犯下的那些残忍罪行一一罗列清楚。对于人类来说，世界上没有我们做不到的事情——这并不是什么赞扬的话，因为我们可以创造一切，也可以毁灭一切。展望如今的世界，哪个国家敢自夸做到了真正的尽善尽美？我们期望各个文明的民族之间，能够维持安定的状态，彼此理解，相互帮助，认识到和平的真正价值，不要让人类文明的黑暗时刻重新降临，毁坏我们好不容易才创造出的一切美好事物。

科学技术：一把双刃剑

随着人类科技的发展和进步，世界变得越来越丰富多彩。我们正享受着我们的祖先无法想象的便捷生活，比如我们能开着汽车翻越山川丘陵，能随时随地吃上丰富美味的蔬菜，能穿着温暖而舒适的

知识链接

毁誉参半的克隆技术

你听说过“多莉”吗？它是一只非常特别的绵羊——它不止拥有一个母亲。多莉是世界上第一例经体细胞核移植出生的动物，简单来说就是它并没有真正意义上的父母，它只是由人为干预的、可以被不停拷贝的一个胚胎发育而成的，而制造出它的技术就是克隆技术。从学术上来讲，克隆体就是根据原型生物复制而成的特殊生命群体，它们与原型生物具有一模一样的基因结构。多莉的诞生的确给人类的生命科学领域带来了巨大突破，却也在伦理道德上给了人类猛烈的冲击。克隆体与原型生物之间是什么关系呢？依靠科学制造出来的生命，还算是生命吗？这些问题就留给你慢慢地思考吧！

衣物度过寒冬。但是，科学技术的进步，也给我们的生态环境带来了意想不到的影响：人们为了制造各式产品而燃烧过多的煤炭、石油和天然气，它们产生了大量的温室气体，使地球的气候变得越来越温暖，让自然灾害发生得越来越频繁；未经处理的污水被排放到河流、湖泊中，它们污染了干净的水源，导致大批生物死亡，甚至每年还会有上万的人因为喝了不干净的水而死亡；汽车的尾气里含有大量有毒、有害气体，既损害人类的身体健康，还会加剧温室效应和酸雨的进程，而酸雨会破

坏土壤，影响植物的生长，导致农作物大幅度减产；为了获得耕地，人们曾过度砍伐森林，不仅破坏了野生动物的栖息地，还使肥沃的土地变成了沙子；随处可见的塑料轻轻松松就能剥夺一只野生动物的生命，每年约有 10 亿个海洋生物会因它而丧生！

地球是人类文明的摇篮，保护它是我们每个人的责任。不要吝啬你的力量，从小事做起，从点滴做起，让我们大家一起将地球变得更加美好吧！

图书在版编目（CIP）数据

自然史. 人类与自然 / 刘月志编著；高帆绘.
北京：北京理工大学出版社，2024. 11.
（孩子们看得懂的科学经典）.
ISBN 978-7-5763-4286-4

Ⅰ. N091-49

中国国家版本馆CIP数据核字第20245WE021号

责任编辑：李慧智　　文案编辑：李慧智
责任校对：王雅静　　责任印制：施胜娟

出版发行 / 北京理工大学出版社有限责任公司
社　　址 / 北京市丰台区四合庄路6号
邮　　编 / 100070
电　　话 /（010）68944451（大众售后服务热线）
（010）68912824（大众售后服务热线）
网　　址 / http: //www.bitpress.com.cn

版 印 次 / 2024年11月第1版第1次印刷
印　　刷 / 三河市嘉科万达彩色印刷有限公司
开　　本 / 710 mm×1000 mm　1/16
印　　张 / 8.5
字　　数 / 88千字
定　　价 / 118. 00元（全3册）

图书出现印装质量问题，请拨打售后服务热线，负责调换